Mathefreunde 1

Tägliche Übungen

Herausgegeben von
Edmund Wallis, Leipzig

Erarbeitet von
Karin Fischer, Auerbach
Edmund Wallis, Leipzig

VOLK UND WISSEN

Links – rechts – oben – unten

1

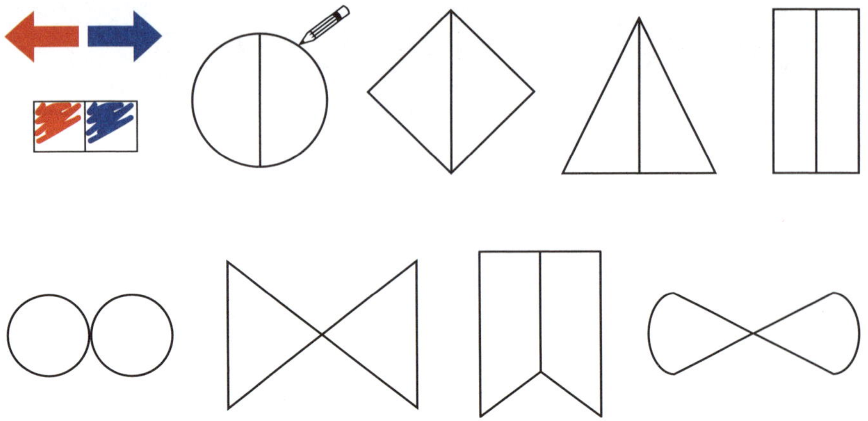

2

3

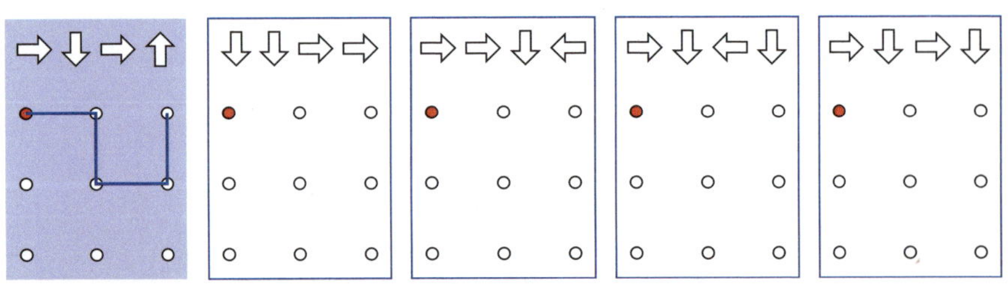

1 und 2: Richtung (rechts, links, oben, unten) erkennen und benennen; Figuren entsprechend der Farbe der Richtungspfeile ausmalen 3: Punkte nach Richtungsvorgabe mit Lineal verbinden

Wege gehen

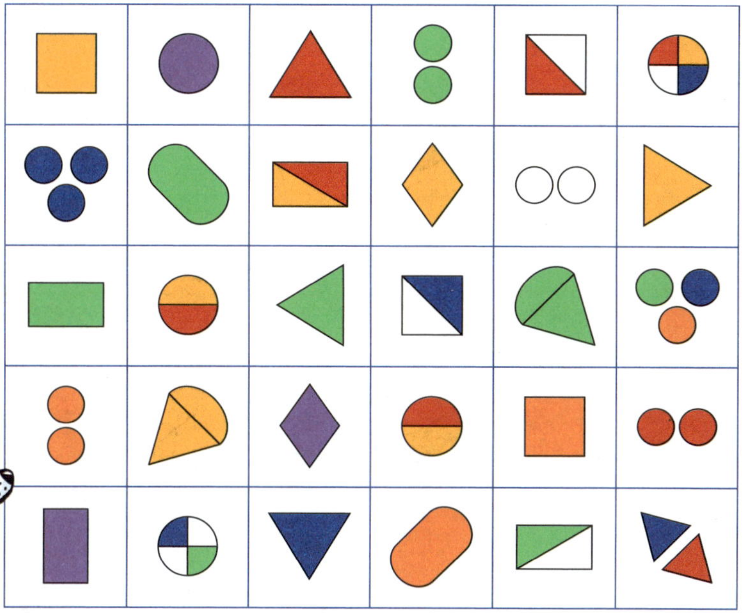

1
3 →
4 ↑
1 ←
1 ↓

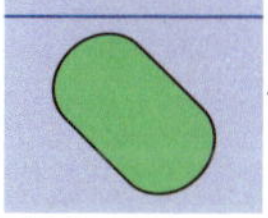

2
2 →
4 ↑
3 →
3 ↓

3
5 →
2 ↑
3 ←
2 ↓

4
4 →
4 ↑
2 →
2 ↓

5
6 →
3 ↑

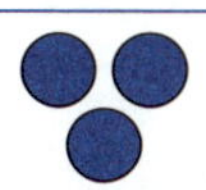

6
2 →
4 ↑

7
6 →
4 ↑

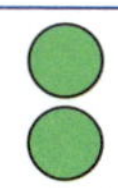

8
5 →
2 ↑

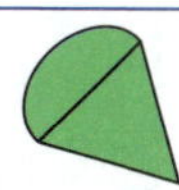

1 bis 4: Wege nach Vorgabe gehen, Zielfigur malen 5 bis 8: Fehlende Schritte bis zur Zielfigur angeben

Zählen

1

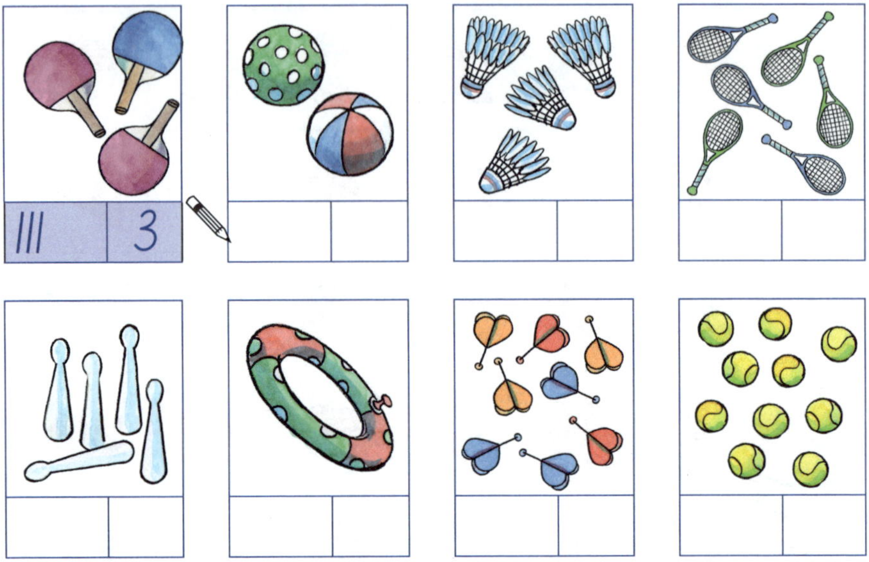

2

3

4 2 5 3

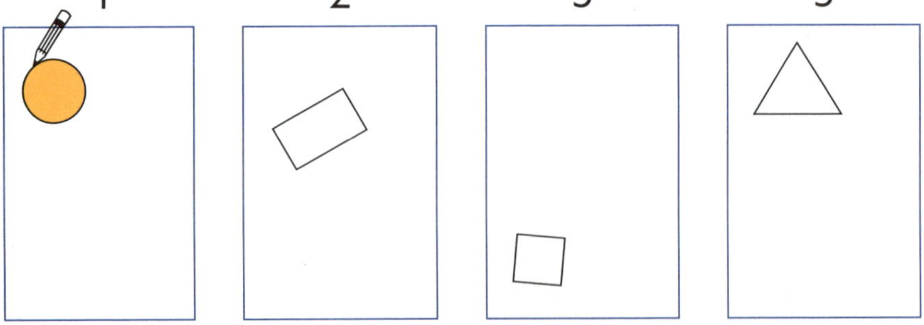

1: Zählen, Striche und Zahlen notieren 2: Anzahl in der angegebenen Richtung bestimmen; Striche und Zahl angeben 3: Figuren in vorgegebener Anzahl malen

Die Zahlen 1 bis 4

1

1	1	

1		1		1						
1		1								

2	2	

2		2								
2		2								

3	3	

3		3								
3		3								

4	4	

4		4								
4		4								

2

1	I

2	II

3	III

4	IIII

3

4	
3	

Die Zahlen 5 und 6

1

5 5   6 6

5		5								
5										

6		6								
6										

2

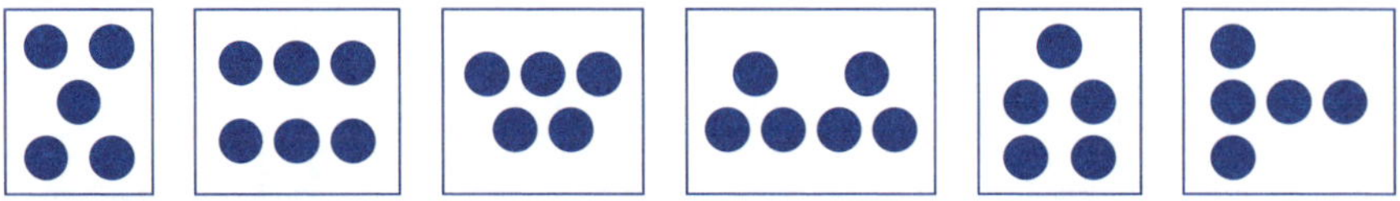

5

3

3   4   5   6

4

5 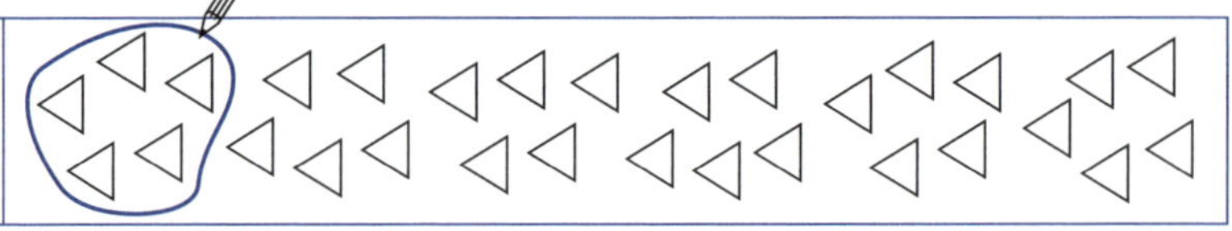

6 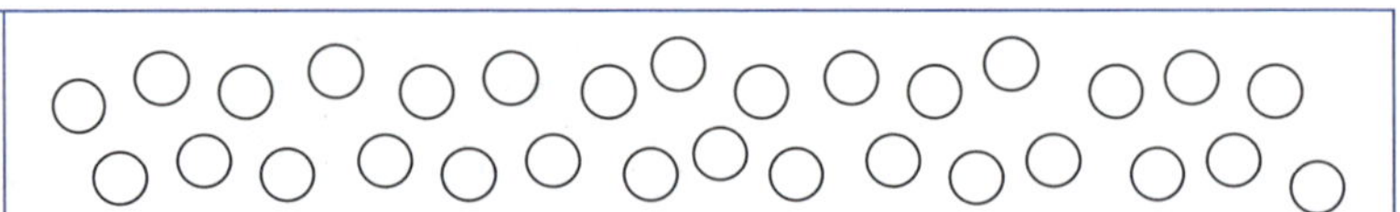

1: Zahlen nachziehen und schreiben   2 und 3: Zahlen zuordnen
4: Vorgegebene Anzahl einkreisen

Die Zahlen 1 bis 6 vergleichen

1

4 > 2

2

3

4

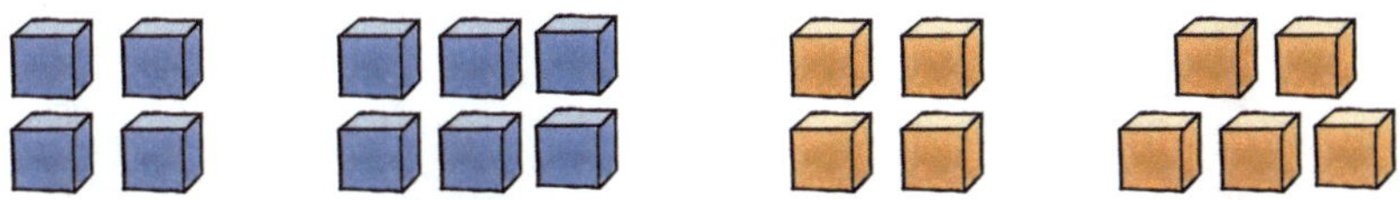

5

4 > 3 | 2 < 5 | 6 > 4

6

3 ◯ 5	6 ◯ 5	5 ◯ 5	4 ◯ 4	2 ◯ 5
4 ◯ 1	5 ◯ 4	3 ◯ 4	1 ◯ 3	6 ◯ 4

1 bis 4: Zahlen zuordnen und vergleichen 5: Mengen der Relation zuordnen
6: Relationszeichen setzen

Zerlegen von Mengen und Zahlen

1

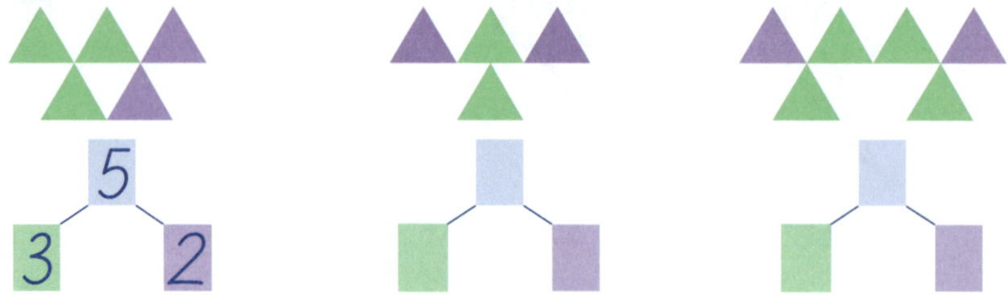

2

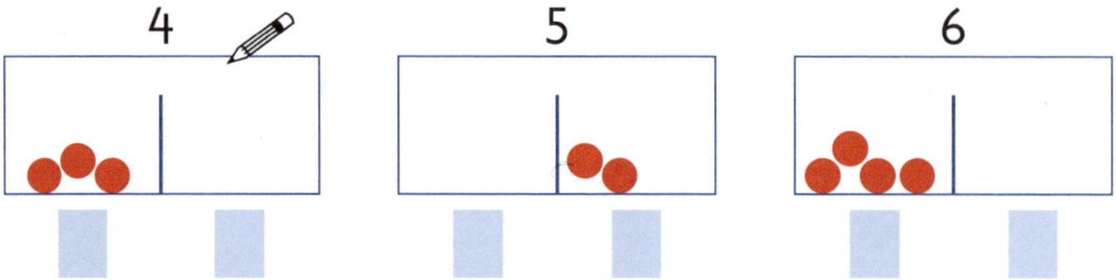

3

4

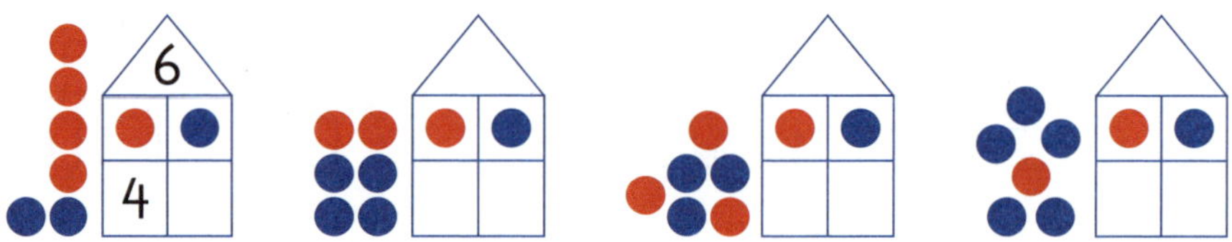

5

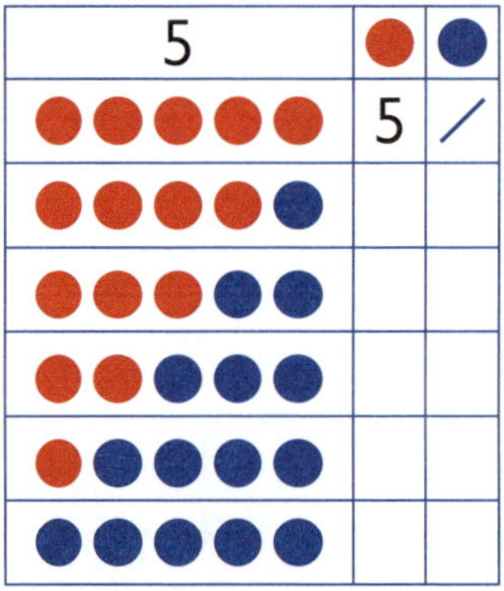

6

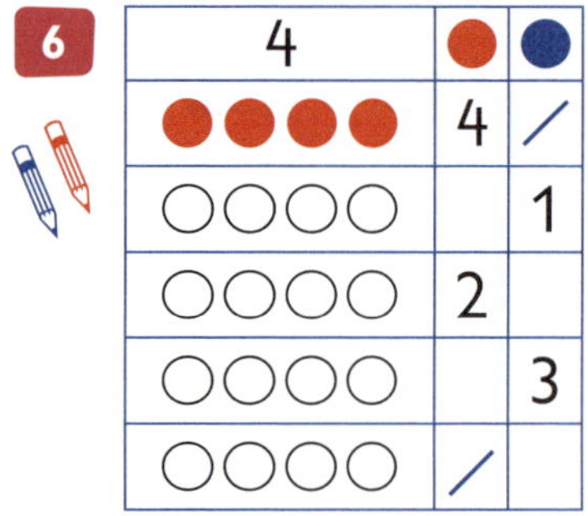

1 bis 4: Zerlegung der Menge und Zahl erfassen; Zahlen zuordnen
5 und 6: Struktur des Zerlegens erfassen; Zahlen zuordnen; Kreise färben

Addieren bis 6

1

3 + 2 = ☐

☐ + ☐ = ☐

☐ + ☐ = ☐

2

☐ + ☐ = ☐

☐ + ☐ = ☐

☐ + ☐ = ☐

3

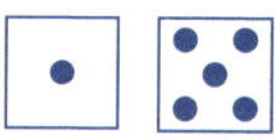

☐ + ☐ = ☐

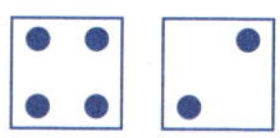

☐ + ☐ = ☐

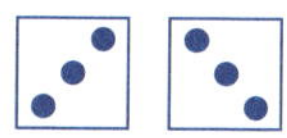

☐ + ☐ = ☐

4

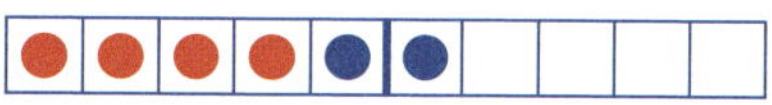

☐ + ☐ = ☐

☐ + ☐ = ☐

☐ + ☐ = ☐

☐ + ☐ = ☐

4 + 2 = ☐

3 + 2 = ☐

1 bis 3: Zahlen den Mengen zuordnen – addieren 4: Zahlen den Plättchen zuordnen – addieren; Plättchen malen und den Zahlen zuordnen – addieren

1

1 + 3	2 + 4	3 + 2	1 + 2	4 + 1
5 + 1	1 + 4	4 + 2	1 + 5	2 + 2

2

$1 \xrightarrow{+1} \square$ $2 \xrightarrow{+1} \square$ $3 \xrightarrow{+1} \square$ $4 \xrightarrow{+1} \square$ $5 \xrightarrow{+1} \square$

$1 \xrightarrow{+2} \square$ $2 \xrightarrow{+2} \square$ $3 \xrightarrow{+2} \square$ $4 \xrightarrow{+2} \square$

$1 \xrightarrow{+3} \square$ $2 \xrightarrow{+3} \square$ $3 \xrightarrow{+3} \square$

$1 \xrightarrow{+4} \square$ $2 \xrightarrow{+4} \square$

$1 \xrightarrow{+5} \square$

3

$2 + 3 = \square$ $3 + 3 = \square$

$1 + 4 = \square$ $4 + 1 = \square$

$5 + 1 = \square$ $2 + 1 = \square$

4

$3 + 2 = \square$ $2 + 4 = \square$ $3 + 3 = \square$

$1 + 5 = \square$ $2 + 3 = \square$ $4 + 1 = \square$

Addieren bis 6 – Tauschaufgaben

1

6		
5	+	
4	+	
3	+	
2	+	
1	+	

5		
4	+	
3	+	
2	+	
1	+	

4		
3	+	
2	+	
1	+	

3		
2	+	
1	+	

2		
1	+	1

2

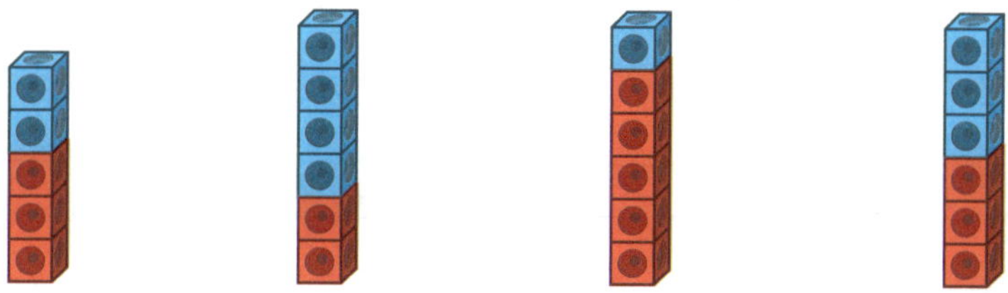

3 + 2 = ☐   2 + ☐ = ☐   ☐ + ☐ = ☐   ☐ + ☐ = ☐

3

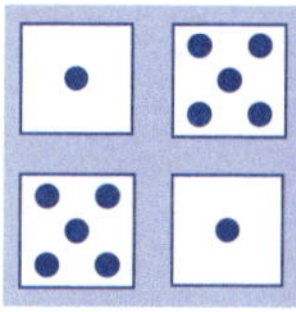

1 + 5 = ☐
5 + 1 = ☐

2 + 4 = ☐   1 + 4 = ☐
4 + 2 = ☐   4 + 1 = ☐

4

+	4	2	1	3
2				
1				

5

+	3			2
	5		6	
1		2		

6 < = >

4 ◯ 6   5 ◯ 6
5 ◯ 3   2 ◯ 2
4 ◯ 4   5 ◯ 4

7 < = >

2 + 3 ◯ 5   6 ◯ 2 + 2
4 + 1 ◯ 5   4 ◯ 1 + 3
1 + 5 ◯ 6   5 ◯ 4 + 2

1: Addieren zur vorgegebenen Summe   2: Summanden finden und berechnen
3: Wesen der Tauschaufgabe erfassen   4 und 5: Addieren in Tabellen
6 und 7: Zahlen und Summen vergleichen – Relationszeichen setzen

Subtrahieren bis 6

1

  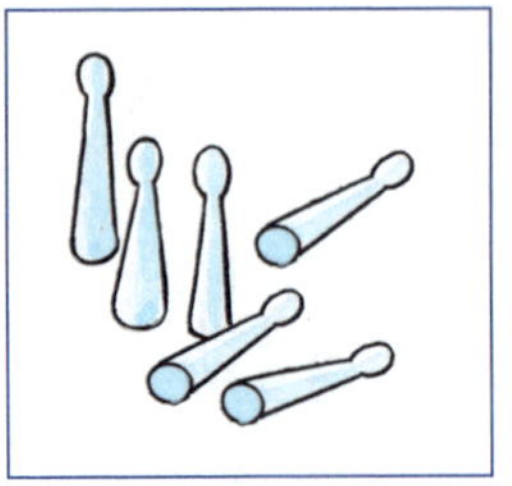

5 − 1 = ☐ 6 − ☐ = ☐ ☐ − ☐ = ☐

2

●●●●●|●○○○○

6 − 4 = ☐

●●●●●|○○○○○

5 − ☐ = ☐

●●●●○|○○○○○

☐ − ☐ = ☐

●●●●●|○○○○○

☐ − ☐ = ☐

3

6 − 5 = ☐ 5 − 4 = ☐ 4 − 3 = ☐ 3 − 2 = ☐
6 − 4 = ☐ 5 − 3 = ☐ 4 − ☐ = ☐ 3 − ☐ = ☐
6 − 3 = ☐ 5 − ☐ = ☐ 4 − ☐ = ☐
6 − 2 = ☐ 5 − ☐ = ☐
6 − 1 = ☐

4

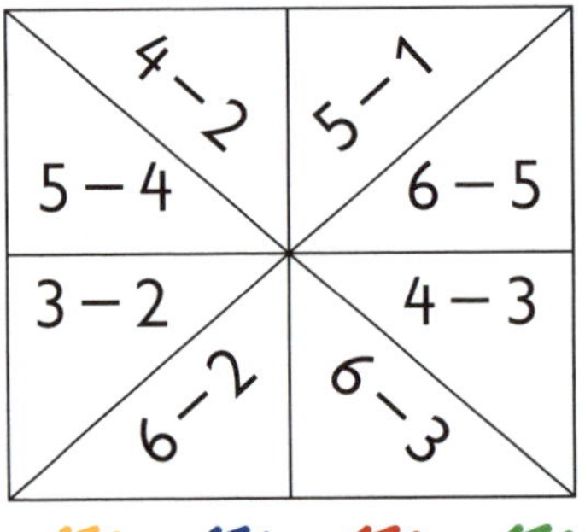

1 2 3 4

5

☐ − ☐ = ☐
☐ − ☐ = ☐
☐ − ☐ = ☐
☐ − ☐ = ☐
☐ − ☐ = ☐

1: Aufgabe zum Bild finden und lösen 2: Aufgaben zu den Punktbildern finden und lösen
3: Folgen vervollständigen; Merkmale erfassen 4: Aufgaben lösen und entsprechend färben
5: Aufgaben bilden und lösen

Addieren und Subtrahieren bis 6

1

4 + 2 = __	3 + 2 = __	__ − 2 = 4	__ − 2 = __
2 + 4 = __	2 + 3 = __	__ − 4 = 2	__ − 3 = __
5 + 1 = __	1 + 3 = __	__ − 1 = __	__ − 3 = __
1 + 5 = __	3 + 1 = __	__ − 5 = __	__ − 1 = __

2

5 —(− 1)→ __ ; __ —(+ 1)→ 5

6 —(− 4)→ __ ; __ —(+ __)→ 6

5 —(− 3)→ __ ; __ —(+ __)→ 5

3 —(+ 3)→ __ ; __ —(− __)→ 3

1 —(+ __)→ __ ; __ —(− __)→ 1

4 —(+ __)→ __ ; __ —(− __)→ 4

3

6 − __ = 1	6 − __ = 2	6 − __ = 3	6 − __ = 4
5 − __ = 1	5 − __ = 2	5 − __ = 3	5 − __ = 4
4 − __ = 1	4 − __ = 2	4 − __ = 3	
3 − __ = 1	3 − __ = 2		

4

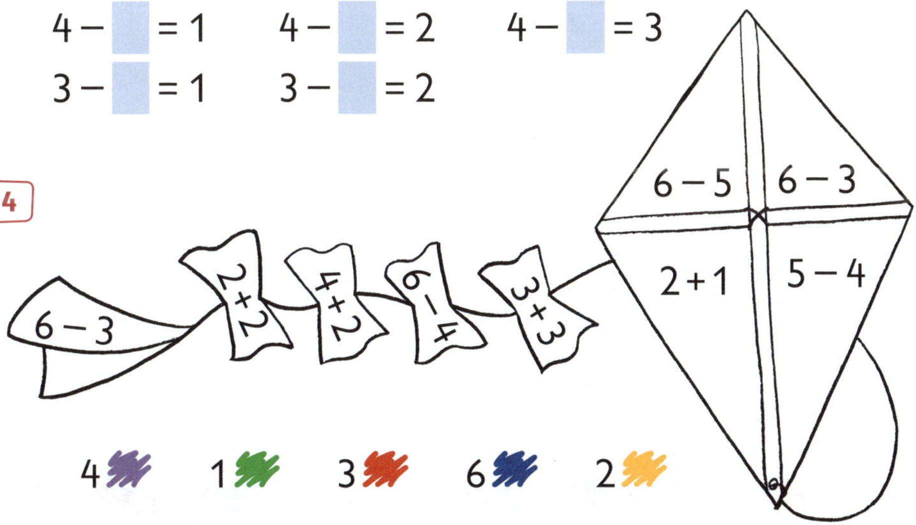

1

4	1

5	
2	

3	
1	

6	

2

−	4	2	1
5			
6			

+	1	2	3	4
1				
2				

3

6		
2	+	
1	+	
3	+	
4	+	
5	+	

4		
1	+	
	+	2
3	+	

3		
2	+	
1	+	

5		
4	+	
	+	3
1	+	

6		
5	+	
4	+	
3	+	
2	+	
1	+	

4

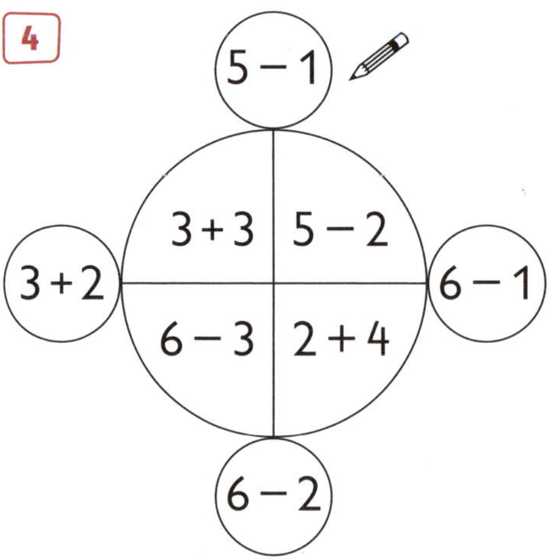

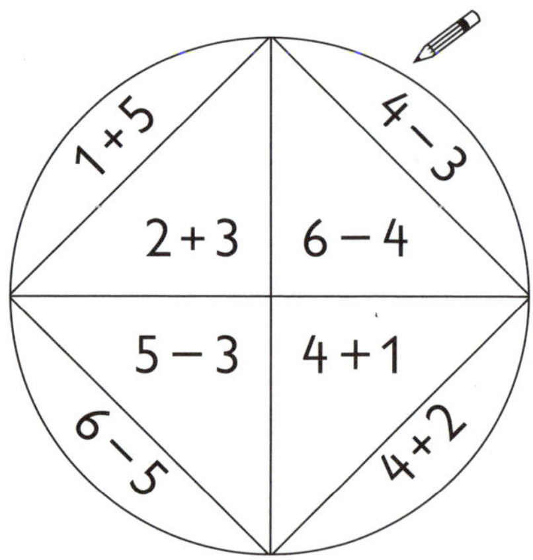

5 3 4 6

2 5 1 6

1: Rechenmauern lösen 2: Subtrahieren/Addieren in Tabellen
3: Summand ergänzen 4: Farben den Summen/Differenzen zuordnen

Die Zahl 0 – Rechnen mit der Zahl 0

1

0 0

0 0

0

2

6

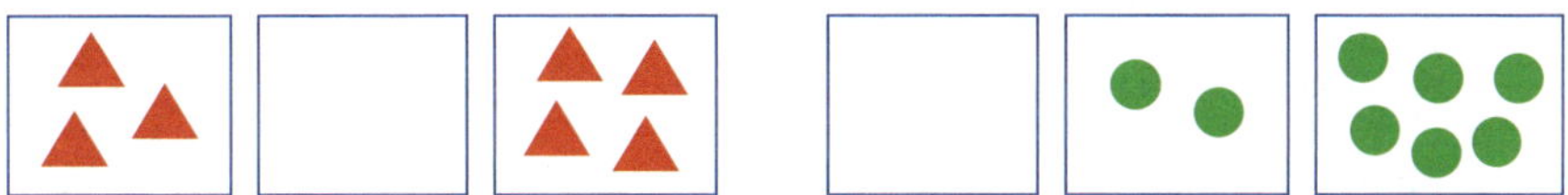

3

5 + 0 = ___ 4 − 0 = ___ 5 − 5 = ___ 6 − ___ = 6

3 + 0 = ___ 1 − 0 = ___ 4 − 4 = ___ 3 + ___ = 3

4

6 − 1 = ___ 5 − 1 = ___ 4 − 1 = ___ 3 − 1 = ___

6 − 2 = ___ 5 − 2 = ___ 4 − ___ = ___ 3 − ___ = ___

6 − 3 = ___ 5 − ___ = ___ 4 − ___ = ___ 3 − ___ = ___

6 − ___ = ___ 5 − ___ = ___ 4 − ___ = ___

6 − ___ = ___ 5 − ___ = ___

6 − ___ = ___

1: Zahlen nachziehen und schreiben
2: Zahlen zuordnen 3: Addieren und Subtrahieren 4: Folgen vervollständigen

Rechnen mit der Zahl 0

1

				6			3			2
4	0		0				3		2	

2 < = >

4	◯	3	0	◯	3
2	◯	0	4	◯	0
0	◯	1	5	◯	6
4	◯	4	2	◯	3
5	◯	0	0	◯	2

3 < = >

1 + 0	◯	1	0 + 4	◯	4
3 + 0	◯	4	0 + 3	◯	4
2 + 0	◯	2	0 + 2	◯	1
2 + 2	◯	5	0 + 6	◯	6
3 + 1	◯	4	0 + 5	◯	6

4

4 − 2	◯	3	5	◯	6 − 1	3 − 0	◯	2	1 − 1	◯	0
6 − 4	◯	3	4	◯	5 − 0	2 − 0	◯	2	2 − 2	◯	1
5 − 3	◯	2	6	◯	6 − 0	4 − 0	◯	3	6 − 6	◯	0

5

6			5			4			6		
2	+			+	5	2	+			+	3
	+	6	2	+			+	4		+	6
5	+			+	1	1	+			+	0

6

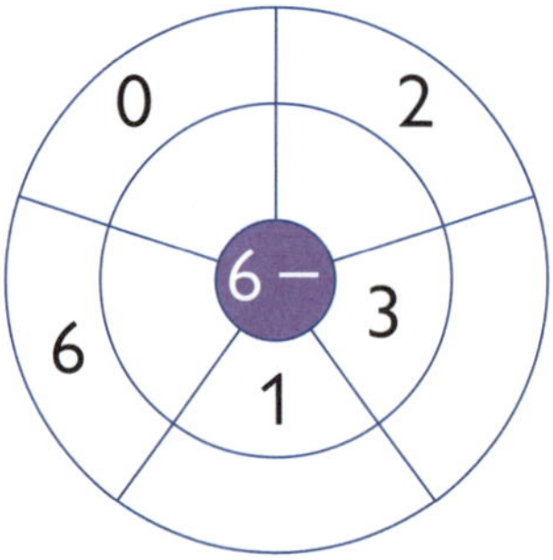

1: Rechenmauern lösen 2 bis 4: Relationszeichen setzen
5 und 6: Fehlende Zahlen berechnen

Die Zahlen 7 und 8

1

7	7	

8	8	

2

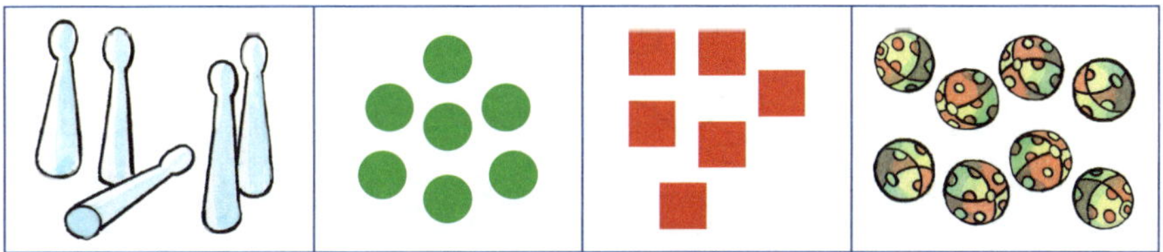

3

6 △ | 8 ○ | 7 □ | 5

4 < = >

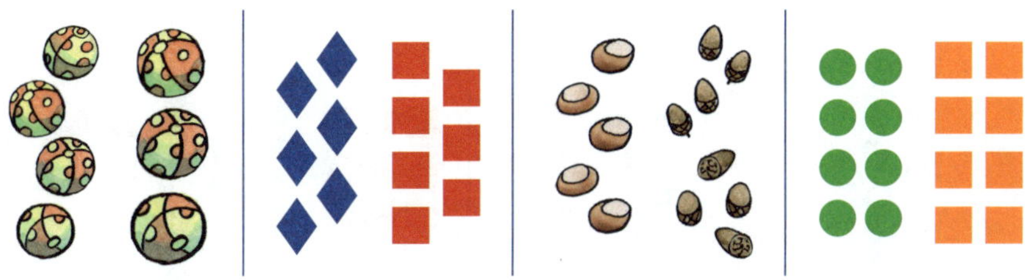

1: Zahlen nachziehen und schreiben 2: Zahlen den Mengen zuordnen 3: Mengen den Zahlen zuordnen 4: Anzahlen vergleichen; Zahlen zuordnen; Relationszeichen setzen

+ − · :

Die Zahlen 9 und 10

1

9 9

10 10

2

3

8 9 7 10

4 < = >

1: Zahlen nachziehen und schreiben 2: Zahlen den Mengen zuordnen 3: Mengen den Zahlen zuordnen 4: Anzahlen vergleichen; Zahlen zuordnen; Relationszeichen setzen

Die Zahlen von 0 bis 10

1

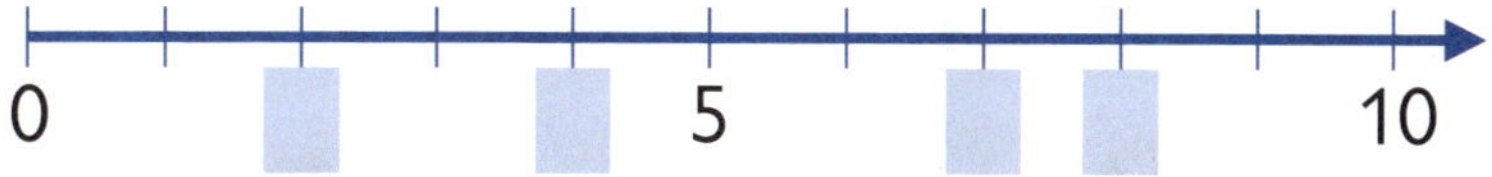

2

	9	
3		
		10

	1	
7		
		6

	5	
2		
		3

3

8	
2	
	1
4	

9	
	6
5	
	9

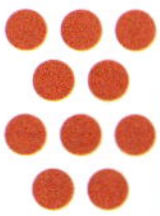

10	
	5
0	
	7

7	
0	
	3
4	

4 Immer 7

● (rot)	3								
● (blau)									

5 < = >

3 ○ 5 6 ○ 6 7 ○ 10 4 ○ 0 0 ○ 1
9 ○ 7 5 ○ 6 8 ○ 7 5 ○ 5 7 ○ 9
0 ○ 3 4 ○ 5 10 ○ 8 6 ○ 7 10 ○ 10

6 < = >

2 + 1 ○ 4 6 − 4 ○ 3 6 − 3 ○ 2 5 − 5 ○ 0
3 + 3 ○ 6 5 − 3 ○ 2 4 − 4 ○ 1 6 − 5 ○ 2

1: Zahlen antragen 2: Vorgänger, Nachfolger bestimmen
3 und 4: Zahlen zerlegen 5 und 6: Relationszeichen setzen

Ordnungszahlen

1

2

3

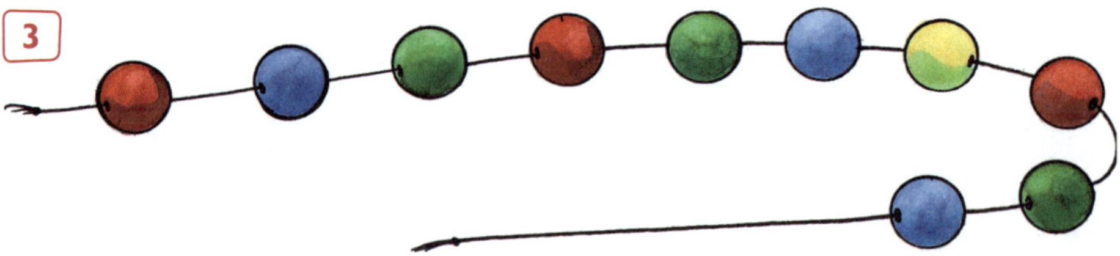

1. ◯ 5. ◯ 7. ◯ 6. ◯ 10. ◯

3. ◯ 2. ◯ 9. ◯ 4. ◯ 8. ◯

1 und 2: Ordnungszahlen zuordnen
3: Farben den Ordnungszahlen zuordnen

1

4 + 3 =

6 + 2 =

2

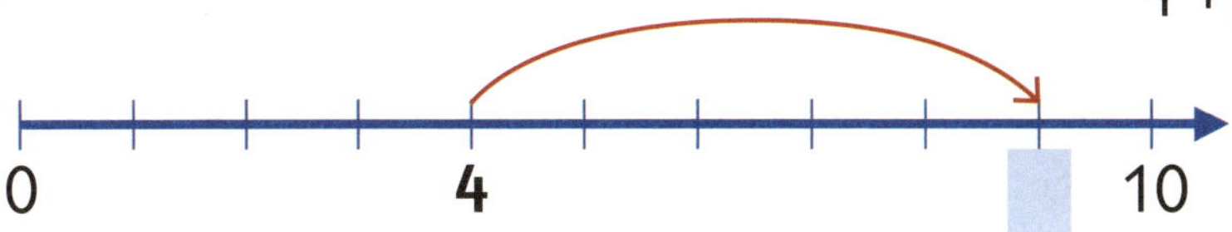

4 + ☐ = ☐

3

2 + 7 =   3 + 4 =   1 + 9 =   4 + 4 =

7 + 1 =   5 + 3 =   0 + 8 =   3 + 7 =

4 + 5 =   9 + 0 =   4 + 6 =   5 + 5 =

4

3	1	2

0	4	2

5	0	3

5

8		
6		0

5		
3		3

	9	
	7	
2		7

1

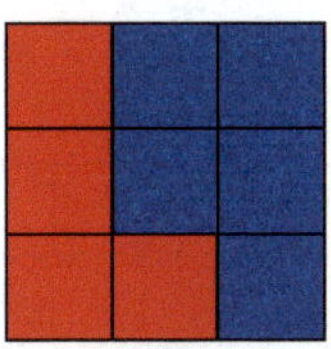

4 + ☐ = 9

5 + ☐ = 9

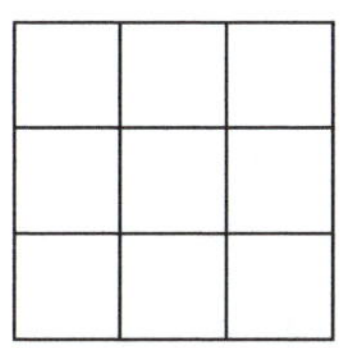

6 + ☐ = 9

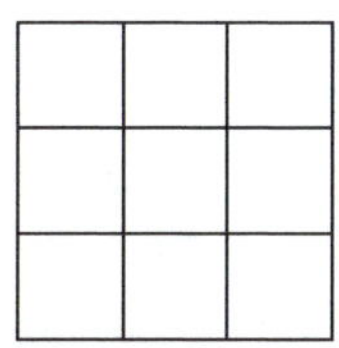

☐ + 3 = 9

1: Malen und addieren   2: Zahlen zuordnen; Aufgabe am Zahlenstrahl darstellen und lösen
3: Addieren   4 und 5: Rechenmauern lösen   6: Kästchen färben und addieren

1

5 + 4 = __ 0 + 5 = __ 3 + 5 + 2 = __

3 + 7 = __ 2 + 7 = __ 4 + 0 + 6 = __

8 + 2 = __ 4 + 0 = __ 1 + 6 + 3 = __

2

4 + 2 = __	8 + 1 = __	5 + 4 = __	6 + 4 = __
2 + __ = 6	1 + __ = 9	4 + __ = 9	4 + __ = __

3

__ + 5 = 10 __ + 3 = 9 __ + 5 = 5

__ + 4 = 10 __ + 2 = 8 __ + 0 = 0

4

Rechenmauer 1: oben: __; Mitte: __ __; unten: 2 4 0

Rechenmauer 2: oben: 9; Mitte: 4 __; unten: 2 __ __

5

Rechenmauer: oben: __; 2. Reihe: __ __; 3. Reihe: 2 __ 2; unten: 1 __ 1 __

6

3 + __ = __ oder: __ + 3 = __

3 + __ = __ __ + 3 = __

3 + __ = __ __ + 3 = __

3 + __ = __ __ + 3 = __

3 + __ = __ __ + 3 = __

7

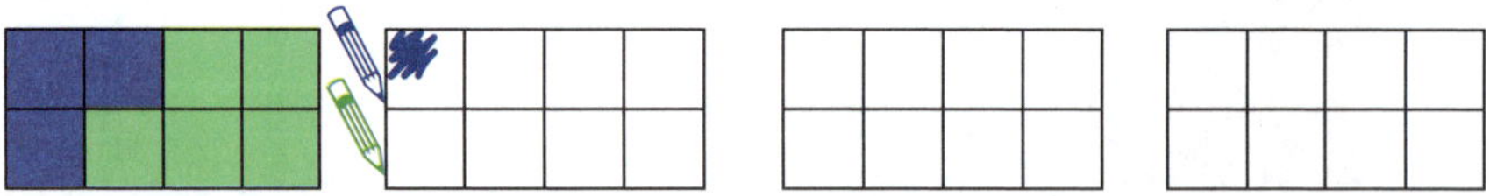

3 + __ = __ 5 + __ = __ 6 + __ = __ 2 + __ = __

1 bis 3: Additionsaufgaben lösen 4 und 5: Rechenmauern lösen
6: Additionsaufgaben und Tauschaufgaben bilden und lösen 7: Färben und addieren

1

7 – 3 = ☐

9 – 4 = ☐

2

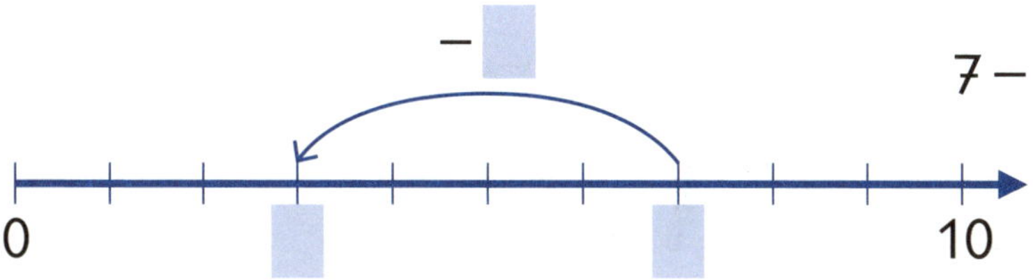

7 – ☐ = ☐

3

8 – 3 = ☐　　10 – 4 = ☐　　6 – 0 = ☐　　8 – 4 = ☐

7 – 5 = ☐　　10 – 7 = ☐　　10 – 5 = ☐　　10 – 0 = ☐☐

4

9 – 2 = ☐　　10 – 6 = ☐　　9 – 7 = ☐　　7 – 6 = ☐

7 + 2 = ☐　　4 + 6 = ☐☐　　2 + 7 = ☐　　1 + 6 = ☐

5

10 – 2 = ☐
10 – 3 = ☐
10 – 4 = ☐
10 – 5 = ☐
10 – 6 = ☐
10 – ☐ = ☐
10 – ☐ = ☐
10 – ☐ = ☐

6

2 – 1 = ☐
3 – 2 = ☐
4 – 3 = ☐
5 – 4 = ☐
6 – ☐ = ☐
7 – ☐ = ☐
8 – ☐ = ☐
9 – ☐ = ☐

7

10 —(– 7)→ ☐
7 —(– 5)→ ☐
8 —(– 8)→ ☐
9 —(– ☐)→ 6
7 —(– ☐)→ 3
10 —(– ☐)→ 7

8

–	0	1	3	5	7	9
9						

–	10	8	6	4	2	0
10						

1 bis 3: Subtraktionsaufgaben darstellen und lösen　4: Aufgabe und Umkehraufgabe lösen
5 und 6: Folgen vervollständigen　7: Rechenbefehl ausführen　8: Tabellen vervollständigen

Addieren und Subtrahieren bis 10

1

4 + ☐ = ☐☐

10 − ☐ = ☐

☐ ◯ ☐ = ☐☐

☐☐ ◯ ☐ = ☐

2

☐ ◯ ☐ = ☐

☐ ◯ ☐ = ☐

☐ ◯ ☐ = ☐

☐ ◯ ☐ = ☐

3

☐☐ ◯ ☐ = ☐

4

☐☐ ◯ ☐ = ☐

5

+	2	3	4	5	6	7
3						

−	7	6	5	4	3	2
9						

1 bis 4: Additions- bzw. Subtraktionsaufgaben zuordnen und lösen
5: Tabellen vervollständigen

1

7 − ☐ = 5 | 8 − ☐ = 4
7 − ☐ = 4 | 8 − ☐ = 3
7 − ☐ = 3 | 8 − ☐ = 2
7 − ☐ = ☐ | 8 − ☐ = 1
7 − ☐ = ☐ | 8 − ☐ = 0

2

☐ − 5 = 3 | ☐ − 4 = 4
☐ − 4 = 4 | ☐ − 5 = 3
☐ − 3 = 5 | ☐ − 6 = 2
☐ − 2 = ☐ | ☐ − ☐ = 1
☐ − 1 = ☐ | ☐ − ☐ = 0

3

3 + 6 + 1 = ☐☐ | 9 − 3 − 4 = ☐
2 + 1 + 7 = ☐☐ | 10 − 0 − 8 = ☐
7 + 3 + 0 = ☐☐ | 10 − 5 − 5 = ☐

4

8 − 2 + 1 = ☐
10 − 6 + 4 = ☐
5 + 4 − 6 = ☐

5

7 − 3 + 5 = ☐
5 + 4 − 6 = ☐
10 − 8 + 3 = ☐

6

3 —(+4)→ ☐ —(−2)→ ☐ —(+4)→ ☐ —(−3)→ ☐ —(−2)→ ☐ —(−0)→ ☐ —(+4)→ ☐ —(−5)→ 3

7

6 3 9

6 + 3 = 9 | 9 − 3 = ☐
3 + 6 = ☐ | 9 − 6 = ☐

8 5 3

☐ + ☐ = ☐ | ☐ − ☐ = ☐
☐ + ☐ = ☐ | ☐ − ☐ = ☐

8

2 9 7

☐ + ☐ = ☐ | ☐ − ☐ = ☐
☐ + ☐ = ☐ | ☐ − ☐ = ☐

7 2 5

☐ + ☐ = ☐ | ☐ − ☐ = ☐
☐ + ☐ = ☐ | ☐ − ☐ = ☐

1 bis 5: Addieren/Subtrahieren 6: Rechenbefehle ausführen
7 und 8: Aufgabenfamilien bilden

Sachaufgaben – Rechengeschichten erzählen

1

2

3

4

5

6

1 bis 6: Rechengeschichten erzählen – Aufgaben aufschreiben und lösen

Gleichungen – Ungleichungen

1

☐ + ☐ = ☐ + ☐

2 Finde gleiche Summen.

5 + 3 | 2 + 7 | 6 + 4 | 3 + 4 | 3 + 2 | 6 + 0

8 + 1 | 4 + 4 | 2 + 5 | 4 + 1 | 2 + 4 | 5 + 5

Färbe und schreibe so:

2 + 7 = 8 + 1
5 + 3 =

3 Finde gleiche Differenzen.

10 – 4 | 9 – 0 | 8 – 6 | 7 – 6 | 10 – 6 | 7 – 7

5 – 5 | 9 – 3 | 5 – 3 | 9 – 8 | 8 – 4 | 10 – 1

Färbe und schreibe so:

10 – 6 = 8 – 4
10 – 4 =

1: Summanden bestimmen 2: Gleiche Summen finden und färben; Summen gleichsetzen
3: Gleiche Differenzen finden und färben; Differenzen gleichsetzen

1 Was ist gleich?

6 + 2 | 2 + 2 | 7 + 3 | 8 − 8 | 10 − 7 | 8 − 6

9 − 5 | 10 − 2 | 1 + 2 | 10 − 0 | 1 + 1 | 4 − 4

Färbe und schreibe so:

2 + 2 = 9 − 5   1 + 1 =

7 + 3 =

2 Die Summe soll immer 10 sein.

□ + 2 = □ + 4	□ + 3 = □ + 1	7 + □ = 4 + □
6 + □ = 1 + □	5 + □ = 2 + □	□ + 7 = 5 + □

3 Die Differenz soll immer 5 sein.

10 − □ = 8 − □	9 − □ = 7 − □	6 − □ = 9 − □
6 − □ = □ − 4	□ − 0 = □ − 5	□ − 2 = □ − 3

4 (<) (=) (>)

4 + 2 ○ 7	8 − 4 ○ 3	9 ○ 8 + 1	10 ○ 10 − 0
1 + 8 ○ 9	10 − 6 ○ 5	7 ○ 0 + 6	6 ○ 5 − 2
4 + 5 ○ 8	10 − 5 ○ 5	3 ○ 3 + 0	3 ○ 10 − 3

5 Welche Zahlen kannst du einsetzen?

10 − □ > 8 □, □	6 + □ < 9 □, □, □
8 − □ > 5 □, □, □	3 + □ < 7 □, □, □, □

1: Summen und Differenzen vergleichen   2 und 3: Platzhalter bestimmen   4: Summen/Differenzen berechnen; Relationszeichen setzen   5: Zahlen, die die Ungleichung erfüllen, bestimmen

Geldwerte von 1 Cent bis 10 Cent

1

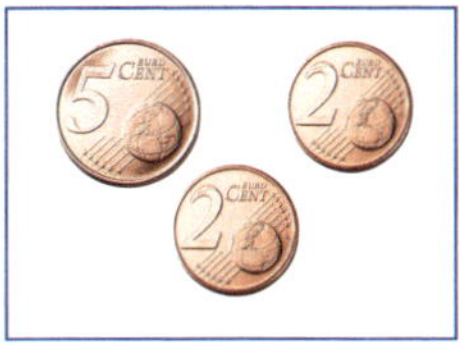 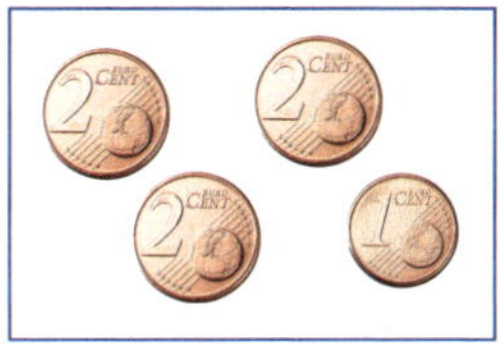 

__ ct   __ ct   __ ct

2

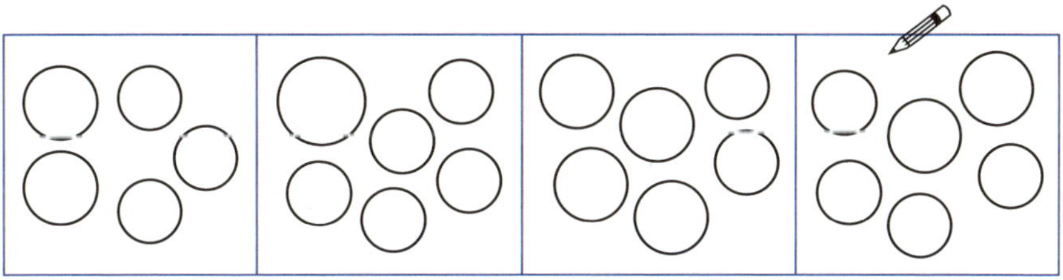

7 ct   10 ct   10 ct   8 ct

3 Immer 10 Cent

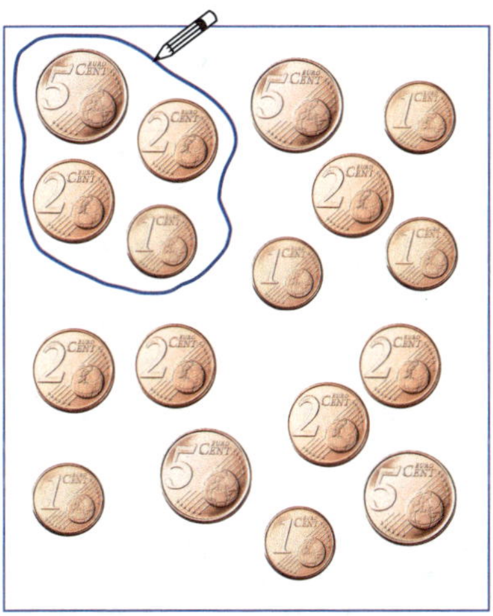

4 Immer 5 Cent

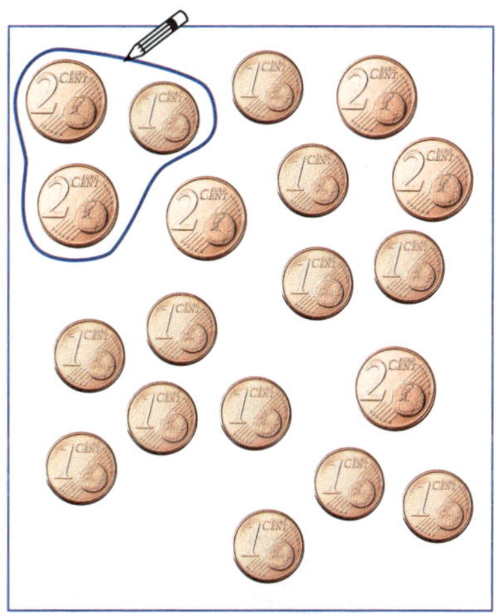

5

3 ct + 7 ct = __ ct

8 ct + 1 ct = __ ct

2 ct + 3 ct = __ ct

6

10 ct − 7 ct = __ ct

9 ct − 6 ct = __ ct

10 ct − 5 ct = __ ct

1: Betrag bestimmen   2: Wert der Münzen eintragen
3 und 4: Den vorgegebenen Geldbetrag einkreisen   5 und 6: Summen und Differenzen ermitteln

Geldwerte von 1 Euro bis 10 Euro

1

__ __ €

__ __ €

2

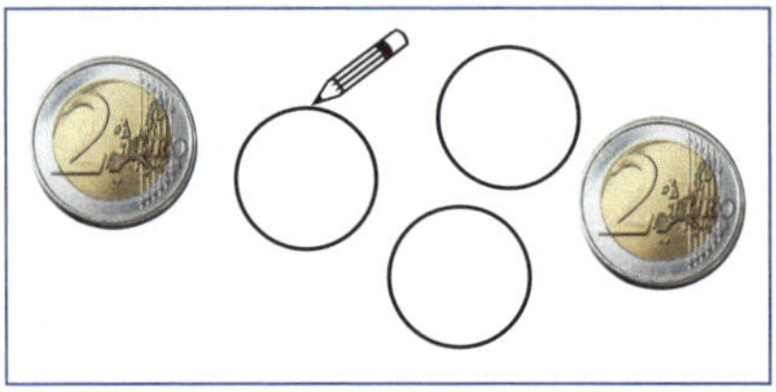

7 €

10 €

3

4 € + 5 € = __ €

2 € + 8 € = __ __ €

7 € + 3 € = __ __ €

4

8 € − 6 € = __ €

10 € − 4 € = __ €

5 € − 5 € = __ €

5

10 € − 6 € = __ €

5 € + 4 € = __ €

7 € − 6 € = __ €

6

3 € + 7 € − 4 € = __ €

9 € − 5 € + 3 € = __ €

2 € + 6 € − 4 € = __ €

7

2,- € 8,- €

__ € + __ € = __ __ €

4,- € 1,- € 3,- €

__ € + __ € + __ € = __ €

1: Betrag ermitteln 2: Wert der Münzen eintragen
3 bis 6: Summen und Differenzen ermitteln 7: Gesamtpreis berechnen

Würfel, Quader, Kugel

1

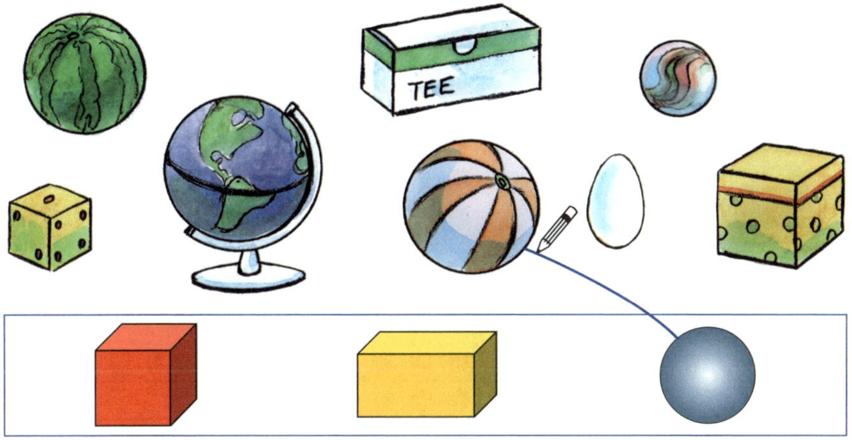

2 Färbe und zähle.

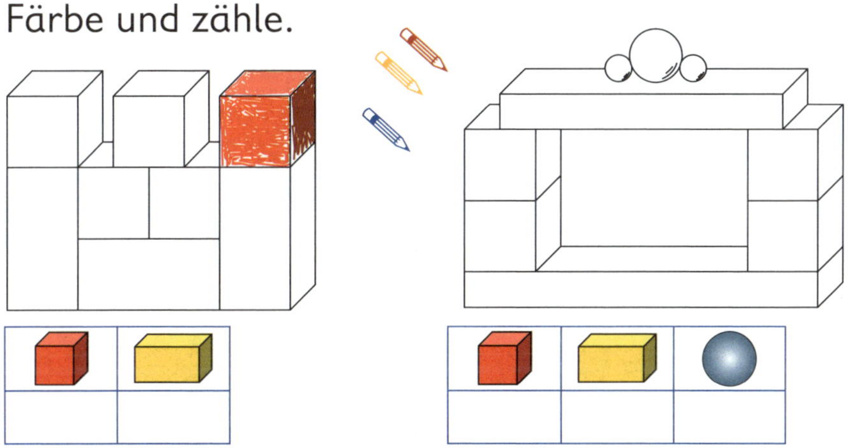

3 Wie viele Würfel sind es?

___ Würfel   ___ Würfel   ___ Würfel   ___ Würfel

1: Zuordnen 2: Färben nach Vorgabe; Anzahl bestimmen
3: Anzahl der Würfel bestimmen

Die Zahlen von 11 bis 20

1

10 + 0 = 10
10 + 1 = 11
10 + 2 =
10 + 3 =
10 + 4 =
10 + 5 =
10 + 6 =
10 + 7 =
10 + 8 =
10 + 9 =
10 + 10 =

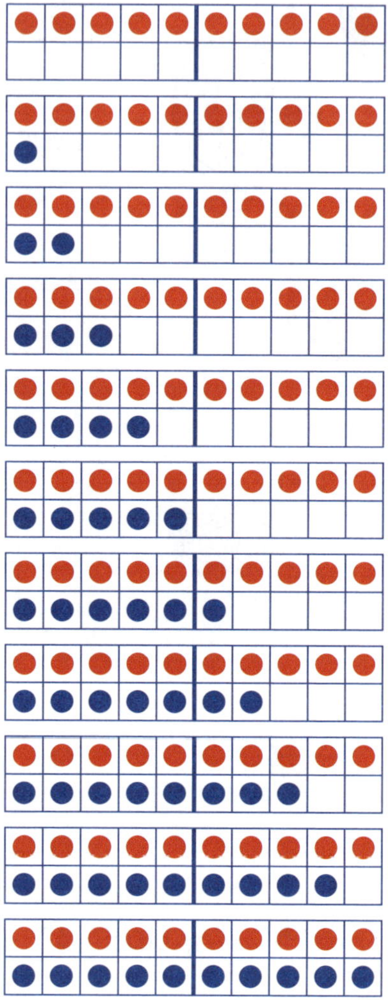

Z	E
1	0
1	1
1	
1	
1	
1	

2 Trage alle Zahlen bis 20 ein.

1			4	5			8		10
			14				18		

1: Summen eintragen; Tabelle vervollständigen
2: Zahlen im Zwanzigerstreifen eintragen

1

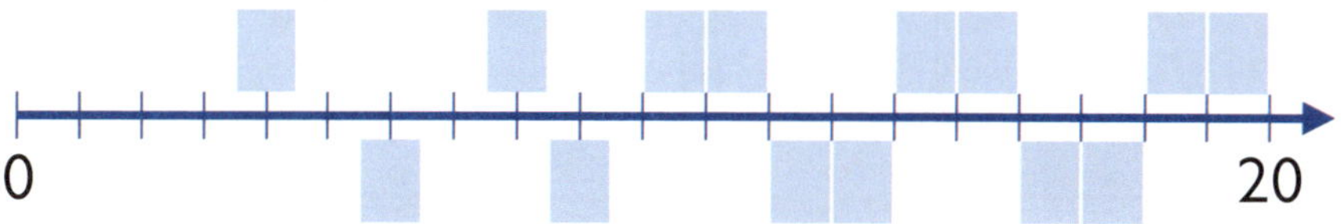

2 Trage die fehlenden Zahlen ein.

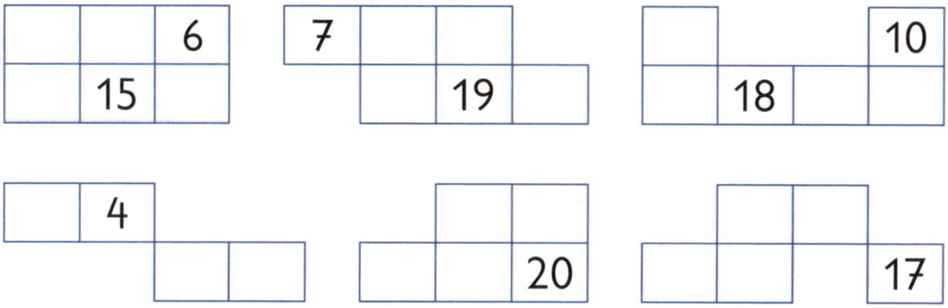

3 Zähle vorwärts.

In 4er-Schritten

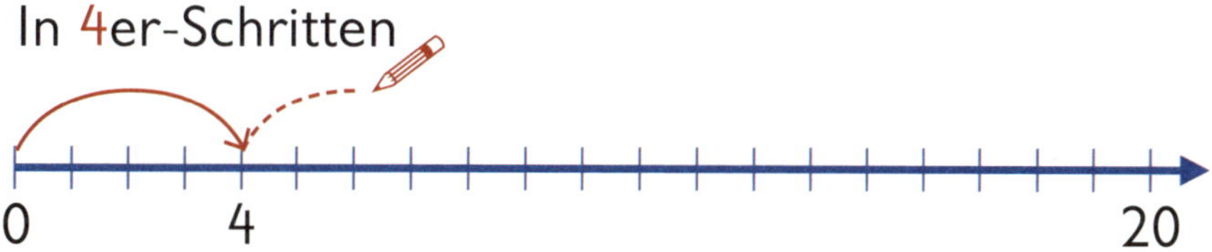

In 5er-Schritten

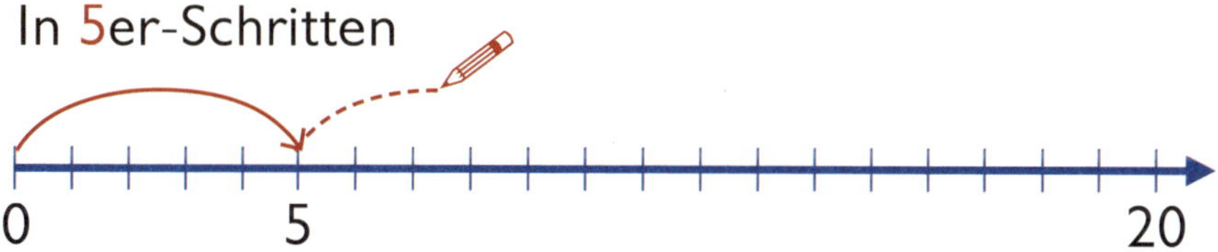

4 Zähle rückwärts.

In 2er-Schritten

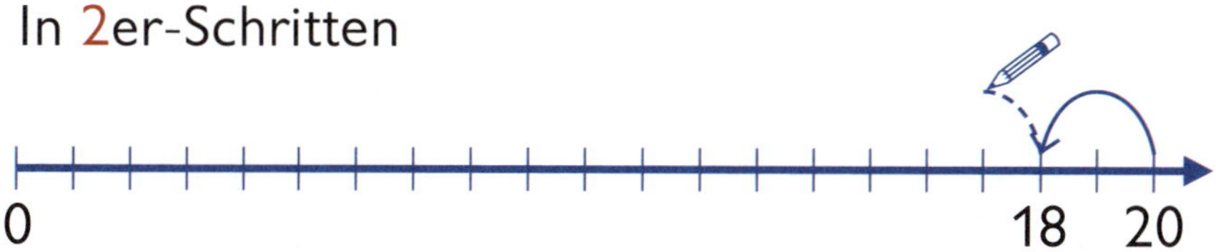

1: Zahlen antragen 2: Fehlende Zahlen eintragen
3 und 4: In angegebener Schrittfolge zählen; Zahlen antragen

Vergleichen und Ordnen der Zahlen bis 20

1

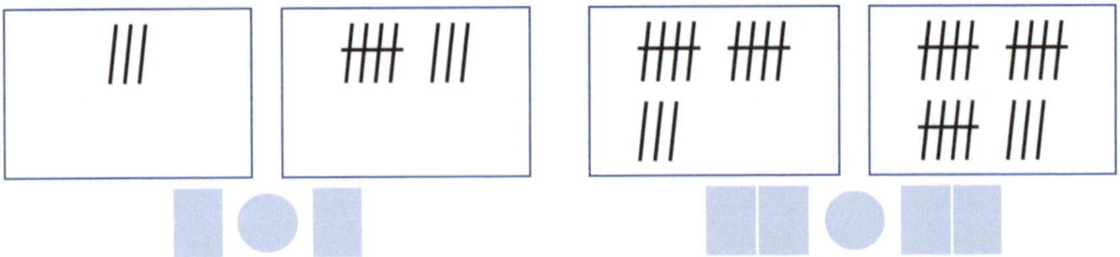

2

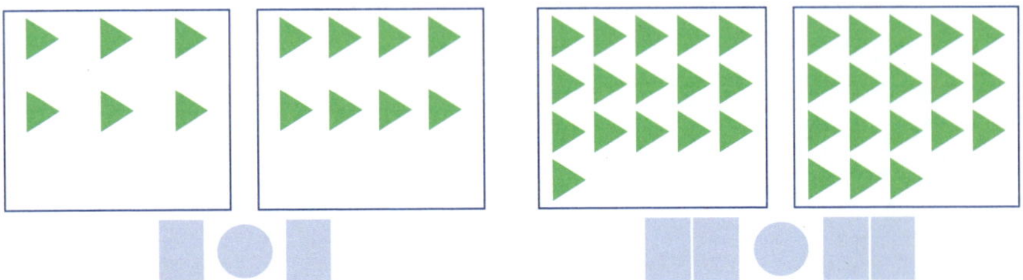

3 < = >

9	○	11	12	○	11	19	○	17	20	○	10
13	○	3	14	○	16	15	○	15	17	○	18
9	○	19	5	○	15	16	○	20	14	○	17

4 Ordne.

7 11 6 10 8 ~~19~~ 4 14 17

Beginne mit der größten Zahl.

19,

15 6 13 12 9 14 20 ~~5~~

Beginne mit der kleinsten Zahl.

5,

5 Färbe die Perlen.

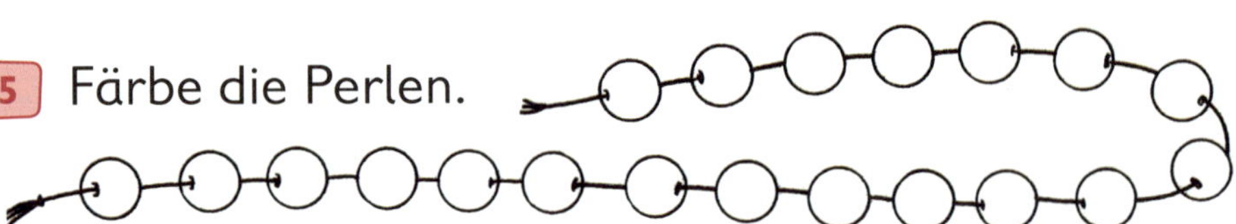

1., 3., 5., 7., 9. (rot)

2., 4., 6., 8., 10. (grün)

11., 13., 15., 17., 19. (blau)

12., 14., 16., 18., 20. (gelb)

1 und 2: Zahlen zuordnen
3: Relationszeichen setzen 4: Ordnen nach Vorschrift 5: Färben nach Vorschrift

1

2

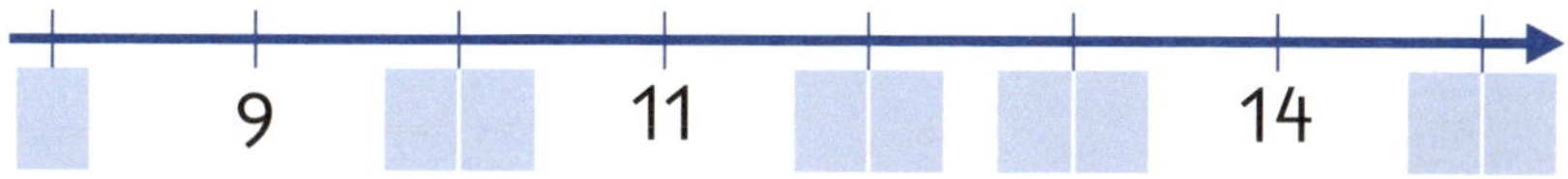

3

4

V	Z	N
	6	
	10	
	9	
	1	
	5	

5

V	Z	N
	14	
	11	
	19	
	16	
	15	

6

V	Z	N
12		
	11	
18		
		10
13		

7 Welche Zahlen liegen

zwischen 9 und 13?

zwischen 16 und 19?

zwischen 12 und 17?

8 10 liegt zwischen ___ und ___.

11 und 12 liegen zwischen ___ und ___.

16, 17, 18 und 19 liegen zwischen ___ und ___.

1 bis 3: Vorgänger und Nachfolger antragen

4 bis 6: Vorgänger, Nachfolger; Zahl eintragen 7 und 8: Zahlen aufschreiben

Addieren zu 10

1

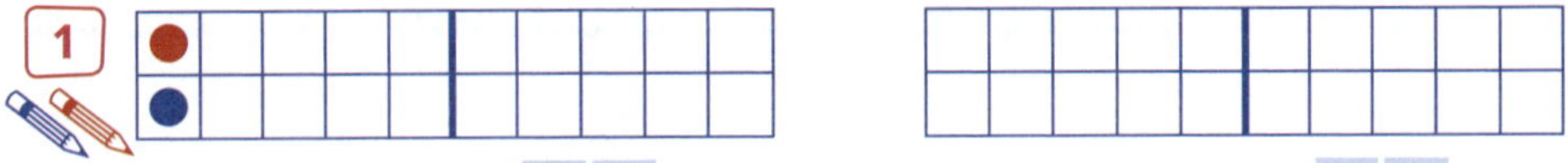

10 + 5 = ☐☐ 10 + 8 = ☐☐

2

Z	E
1	3
1	6
1	9
1	4
1	0

10 + 3 = ☐☐ 20 = 10 + ☐☐ 18 = ☐ + 10

10 + ☐ = ☐☐ 17 = 10 + ☐ 12 = ☐ + 10

☐☐ + ☐ = ☐☐ 11 = 10 + ☐ 10 = ☐ + 10

☐☐ + ☐ = ☐☐ 15 = 10 + ☐ 13 = ☐ + 10

☐☐ + ☐ = ☐☐ 19 = 10 + ☐ 14 = ☐ + 10

3

10 + 3 5 + 10 10 + 6 9 + 10 7 + 10 4 + 10

17 16 19 14 15 20 13 18

6 + 10 10 + 4 10 + 7 10 + 5 3 + 10

10 + 8 10 + 10

4

10 —(+ 6)→ ☐☐ 10 —(+ 3)→ ☐☐ 10 —(+ 8)→ ☐☐

10 —(+ 0)→ ☐☐ 10 —(+ 9)→ ☐☐ 10 —(+ 10)→ ☐☐

5

+	4	7	0	6	10	1	8	3	9	2	5
10											

1: Summe berechnen 2: Additionsaufgaben finden und lösen 3: Aufgaben den Lösungen zuordnen 4: Rechenbefehl ausführen 5: Summen in die Tabelle eintragen

Addieren ohne Zehnerübergang

1

4 + 3 =

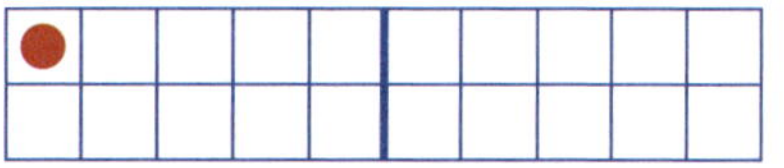

14 + 3 =

2

2 + 5 =
12 + 5 =

6 + 3 =
16 + 3 =

2 + 7 =
12 + 7 =

3

16	
16	0
15	
14	

4

13 + 6 =
17 + 3 =
14 + 5 =
16 + 0 =
11 + 9 =

5

15 + ☐ = 20
17 + ☐ = 19
12 + ☐ = 18
16 + ☐ = 16
13 + ☐ = 17

6

18 = 12 +
14 = 11 +
16 = 14 +
17 = 13 +
20 = 15 +

7

20 = ☐ + 6
18 = ☐ + 4
15 = ☐ + 5
19 = ☐ + 9
17 = ☐ + 6

8

17 + 2 =
2 + 17 =

4 + 15 =
15 + 4 =

16 + 3 =
3 + 16 =

9

10	2	1

0	4	6

2	8	2

1: Addieren und Kästchen färben 2: Addieren
3: Summen zu den gegebenen Zahlen finden; Reihe vervollständigen 4 bis 7: Addieren/Zerlegen
8: Aufgabe und Tauschaufgabe lösen 9: Rechenmauern lösen

Subtrahieren ohne Zehnerübergang

1

8 − 5 = ___

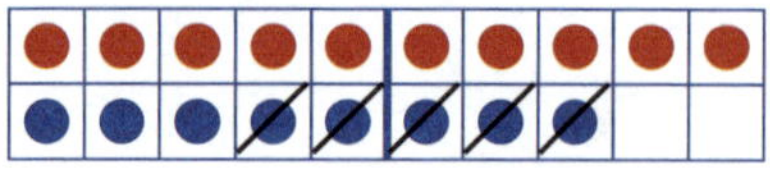

18 − 5 = ___

2

9 − 4 = ___ 6 − 2 = ___ 7 − 3 = ___

19 − 4 = ___ 16 − 2 = ___ 17 − 3 = ___

3

15 − 4 = ___
15 − 3 = ___
15 − 2 = ___
15 − 1 = ___
15 − 0 = ___

4

17 − 0 = ___
17 − 1 = ___
17 − 2 = ___
17 − 3 = ___
17 − 4 = ___

5

15		
19	−	4
18	−	3

6

20 − 10 = ___
17 − 7 = ___
13 − 0 = ___
15 − 4 = ___
19 − 5 = ___

7

19 − ___ = 12
16 − ___ = 13
17 − ___ = 11
20 − ___ = 15
14 − ___ = 14

8

___ − 4 = 16
___ − 3 = 15
___ − 0 = 12
___ − 8 = 10
___ − 10 = 10

9

20 —(− 7)→ ___ 14 —(− 3)→ ___ 18 —(− 6)→ ___

10

−	2	3	5	7	9
19					

−	0	4	8	9	10
20					

1 bis 4: Subtrahieren 5: Differenzen bilden
6 bis 8: Subtrahieren 9: Rechenbefehl ausführen 10: Differenzen in Tabelle eintragen

Addieren und Subtrahieren ohne Zehnerübergang

1

7 + 3 = ___ 9 − 6 = ___ 5 − 2 = ___
17 + 3 = ___ 19 − 6 = ___ 15 − 2 = ___

9 − 4 = ___ 9 − 5 = ___ 8 − 7 = ___
19 − 4 = ___ 19 − 5 = ___ 18 − 7 = ___

2

13 − 2	17 − 5	16 − 3	11 + 7	13 + 4	14 + 5

6 − 3	3 + 4	3 − 2	4 + 5	7 − 5	1 + 7

3

+	2	0	3	4
15				
16				

4

−	7	4	5	3	0
17					
20					

5

2 ct + 8 ct = ___ ct 5 € + 4 € = ___ €
4 ct + 5 ct = ___ ct 3 € + 2 € = ___ €
6 ct + 4 ct = ___ ct 2 € + 7 € = ___ €

6

16 ct − 6 ct = ___ ct 20 € − 8 € = ___ €
14 ct − 4 ct = ___ ct 18 € − 7 € = ___ €
19 ct − 9 ct = ___ ct 20 € − 5 € = ___ €

7

13 —(+ ___)→ 18 14 —(+ ___)→ 19 11 —(+ ___)→ 17 13 —(+ ___)→ 20

1: Addieren und Subtrahieren 2: Aufgabenpaare finden 3 und 4: Addieren und Subtrahieren in Tabellen 5 und 6: Addieren und Subtrahieren von Geldbeträgen 7: Rechenbefehle ausführen

Addieren und Subtrahieren ohne Zehnerübergang

1

20 —(– ☐)→ 14   16 —(– ☐)→ 11   19 —(– ☐)→ 10   17 —(– ☐)→ 12

2

+ 4	
13	
11	
10	
16	

– 5	
20	
15	
17	
19	

3

+ 3	
17	
	18
12	
	13

– 6	
	11
16	
	12
19	

4 Schreibe als Summe.
Gib immer zwei Möglichkeiten an.

19 = 10 + 9
oder:
19 = 12 + 7

16 = ☐☐ + ☐
oder:
16 = ☐☐ + ☐

15 = ☐☐ + ☐
oder:
15 = ☐☐ + ☐

5 Schreibe als Differenz.
Gib immer zwei Möglichkeiten an.

14 = 20 – 6
oder:
14 = 16 – 2

15 = ☐☐ – ☐
oder:
15 = ☐☐ – ☐

17 = ☐☐ – ☐
oder:
17 = ☐☐ – ☐

6 Wie heißen die Zahlen?

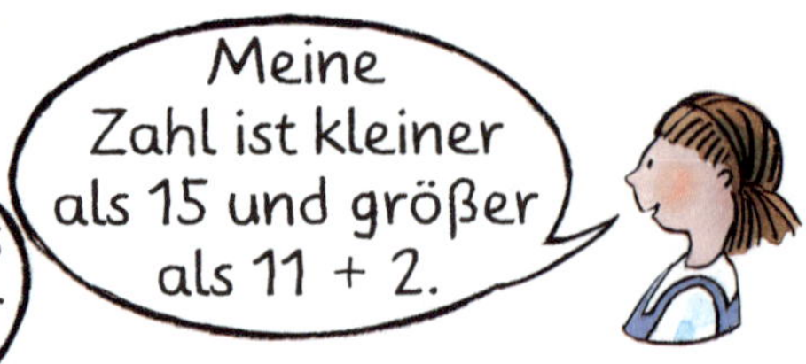

1: Rechenbefehle ausführen   2 und 3: Tabellen vervollständigen
4 und 5: Zwei Möglichkeiten der Zahlzerlegung angeben   6: Zahlen bestimmen

Addieren und Subtrahieren mit drei Zahlen

1

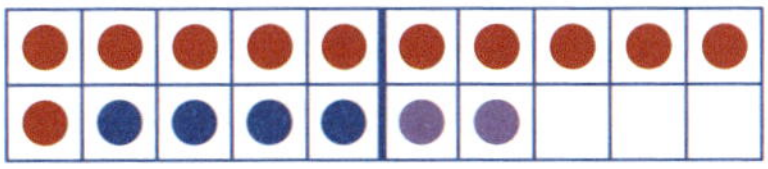

11 + 4 + 2 = ☐☐

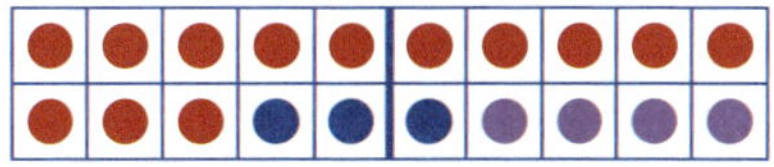

13 + ☐ + ☐ = ☐☐

2

12 + 4 + 1 = ☐☐
10 + 5 + 3 = ☐☐
11 + 2 + 6 = ☐☐

3

16 − 4 − 2 = ☐☐
18 − 6 − 1 = ☐☐
20 − 8 − 0 = ☐☐

4

18 = 16 + ☐ − 1
15 = ☐☐ − 6 + 1
10 = 19 − 6 − ☐

5

12 + 3 − ☐ = 11
17 − ☐ + 3 = 15
20 − 8 + ☐ = 17

6 < = >

2 + 10 + 4 ◯ 15
4 + 3 + 12 ◯ 20
14 + 0 + 4 ◯ 18

7 < = >

17 − 4 − 3 ◯ 17
20 − 5 − 5 ◯ 11
18 − 6 − 2 ◯ 10

8 Wie heißen die Zahlen?

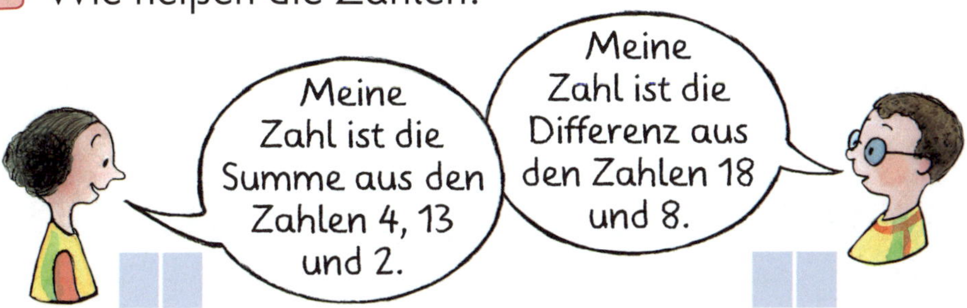

☐☐ ☐☐

Umkehraufgaben

1

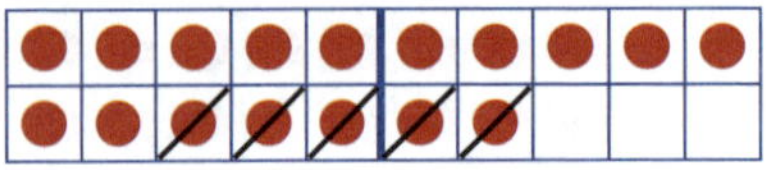

17 − 5 = ☐☐

☐☐ + 5 = ☐☐

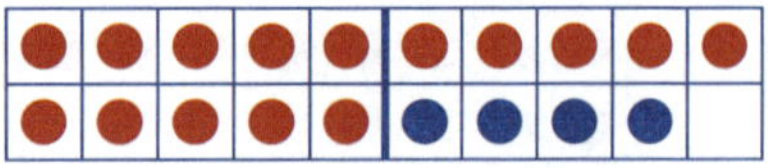

15 + 4 = ☐☐

☐☐ − 4 = ☐☐

Rechne. Kontrolliere mit der Umkehraufgabe.

2

16 − 2 = 14
14 + 2 = 16

18 − 5 = ☐☐
☐☐ + ☐ = ☐☐

20 − 7 = ☐☐
☐☐ + ☐ = ☐☐

10 − 4 = ☐☐
☐ + ☐ = ☐☐

17 − 7 = ☐☐
☐☐ + ☐ = ☐☐

14 − 2 = ☐☐
☐☐ + ☐ = ☐☐

3

12 + 3 = 15
15 − 3 = 12

14 + 4 = ☐☐
☐☐ − ☐ = ☐☐

17 + 2 = ☐☐
☐☐ − ☐ = ☐☐

10 + 6 = ☐☐
☐☐ − ☐ = ☐☐

12 + 5 = ☐☐
☐☐ − ☐ = ☐☐

16 + 4 = ☐☐
☐☐ − ☐ = ☐☐

4

12 → + ☐ → 17; 17 → − ☐ → 12

14 → + ☐ → 18; 18 → − ☐ → 14

10 → + ☐ → 17; 17 → − ☐ → 10

5

17 → − ☐ → 12; 12 → + ☐ → 17

20 → − ☐ → 13; 13 → + ☐ → 20

18 → − ☐ → 11; 11 → + ☐ → 18

1: Addieren und Subtrahieren – Aufgabe und Umkehraufgabe bilden 2 und 3: Aufgabe und Umkehraufgabe lösen 4 und 5: Platzhalter entsprechend den Rechenbefehlen belegen

Nachbaraufgaben – Aufgabenfamilien

Schreibe die Nachbaraufgaben auf. Löse sie.

1

	14 + 1 =	
13 + 2 =	14 + 2 = 16	15 + 2 =
	14 + 3 =	

2

16 + ☐ =	11 + ☐ =	15 + ☐ =
16 + 3 = 19	11 + 6 = 17	15 + 4 = 19
16 + ☐ =	11 + ☐ =	15 + ☐ =

3

14 + ☐ =	15 + 4 = 19	16 + ☐ =
☐ + 2 =	17 + 2 = 19	☐ + 2 =
☐ + 5 =	13 + 5 = 18	☐ + 5 =

4 Schreibe die Aufgabenfamilien auf.

4 5 9

4 + 5 = 9 9 − 5 = ☐

5 + 4 = ☐ 9 − 4 = ☐

6 4 10

6 + 4 = ☐ ☐ − ☐ = ☐

☐ + ☐ = ☐ ☐ − ☐ = ☐

10 2 8

1 bis 3: Nachbaraufgaben finden und lösen

4: Aufgabenfamilien mit den vorgegebenen Zahlen bilden

Verdoppeln

1

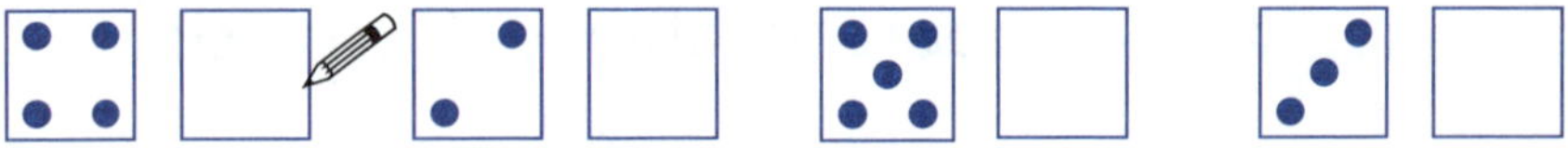

4 + ___ = ___ 2 + ___ = ___ 5 + ___ = ___ ___ 3 + ___ = ___

2 Verdopple die Anzahl der Figuren.
Male und rechne.

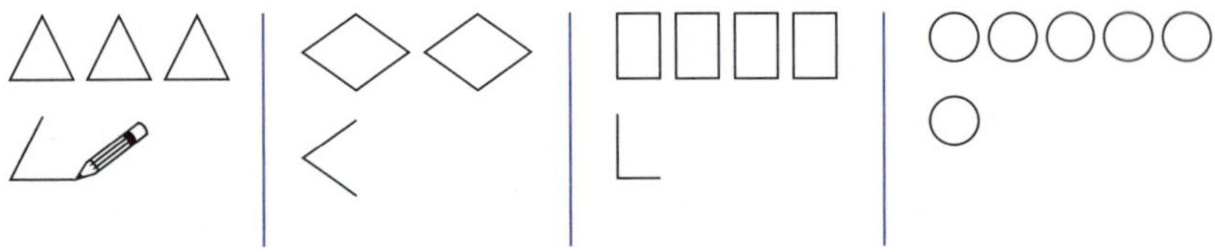

3 + ___ = ___ ___ + ___ = ___ ___ + ___ = ___ ___ + ___ = ___ ___

3

			Verdoppelt
	___ ct	___ ct + ___ ct	= ___ ___ ct
	___ ct	___ ct + ___ ct	= ___ ___ ct
	___ ct	___ ct + ___ ct	= ___ ___ ct
	___ €	___ € + ___ €	= ___ ___ €

4 Wahr w oder falsch f ?

6 ist das Doppelte von 3.
5 ist das Doppelte von 2.
7 ist das Doppelte von 4.
10 ist das Doppelte von 5.

1: Würfelaugen ergänzen; Aufgabe lösen 2: Doppelt so viele Figuren malen; Aufgabe lösen
3: Geldsumme ermitteln und verdoppeln 4: Wahrheitsgehalt prüfen

1

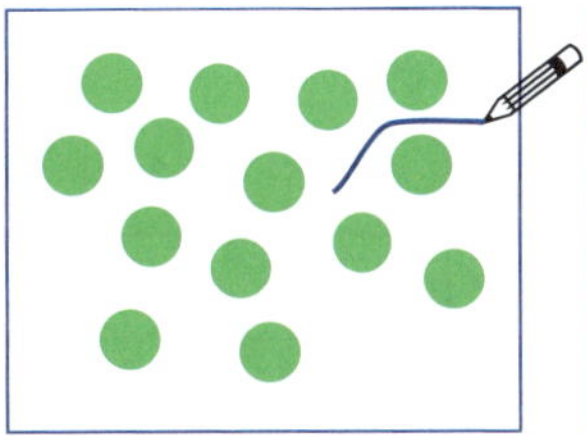

Die Hälfte von ___ ist ___.

Die Hälfte von ___ ist ___.

Die Hälfte von ___ ist ___.

2 Halbiere.

Zahl	6	14	20	12
Aufgabe	6 − 3	14 − ___	20 − ___	___ − ___
Die Hälfte	___	___	___	___

3

		Halbiert	
	___ ct	___ ct − ___ ct	= ___ ct
	___ ct	___ ct − ___ ct	= ___ ct

4 Wahr w oder falsch f ?

9 ist die Hälfte von 18. ○

8 ist die Hälfte von 16. ○

7 ist die Hälfte von 15. ○

1: Anzahl ermitteln; Hälfte bestimmen
2 und 3: Aufgaben finden und lösen 4: Wahrheitsgehalt prüfen

Gerade und ungerade Zahlen

1 Kreuze an.

Zahl	8	7	15	16	11	4	14	3	13	20	19
gerade Zahl						x					
ungerade Zahl		x									

2 Wie viele gerade und ungerade Zahlen sind es?

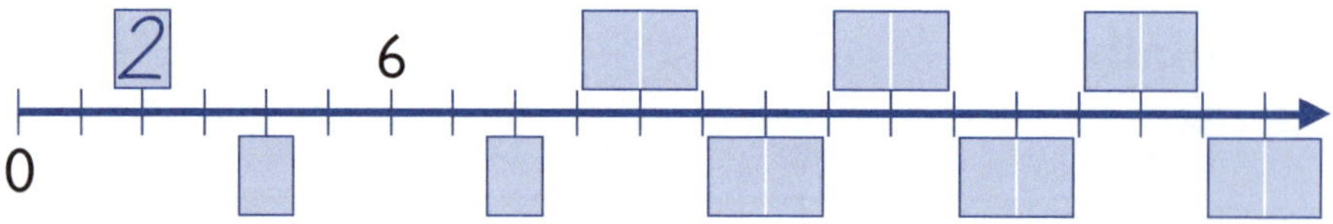

☐☐ ______________ Zahlen

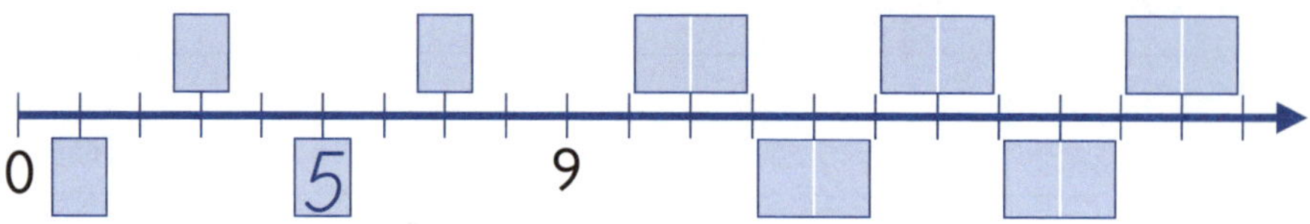

☐☐ ______________ Zahlen

3 Berechne die Summen und Differenzen.
Ist das Ergebnis eine gerade Zahl, dann färbe es orange. Ist das Ergebnis eine ungerade Zahl, dann färbe es blau.

16 − 4 = ☐☐	18 − 6 = ☐☐	15 − 2 = ☐☐
12 + 3 = ☐☐	19 − 2 = ☐☐	18 − 4 = ☐☐
10 + 9 = ☐☐	12 + 8 = ☐☐	14 + 2 = ☐☐

1: Gerade und ungerade Zahl bestimmen 2: Zahlen antragen und benennen
3: Summen und Differenzen berechnen; Ergebnis als gerade oder ungerade Zahl kennzeichnen

1 In der Klasse 1 b sind 12 Mädchen und 7 Jungen.

Frage: *Wie viele Kinder sind in der Klasse?*

Aufgabe: ☐☐ ◯ ☐ = ☐☐

Antwort: ______________________

2 Max hat 20 Kinderbücher. Davon hat er 6 Bücher verborgt.

Frage: ______________________

Aufgabe: ☐☐ ◯ ☐ = ☐☐

Antwort: ______________________

3 Anna hat 18 Euro gespart. Ben hat 6 Euro weniger gespart.

Frage: ______________________

Aufgabe: ☐☐ € ◯ ☐ € = ☐☐ €

Antwort: ______________________

4 Lisa bezahlt 4 Euro für Schreibhefte. Ben bezahlt das Doppelte für seine Schreibhefte und den Zeichenblock.

Frage: ______________________

Aufgabe: ☐ € ◯ ☐ € = ☐☐ €

Antwort: ______________________

1 bis 4: Fragen finden; Aufgaben dazu stellen und lösen; im Satz antworten

Dreieck, Viereck, Kreis

Färbe und zähle.

1

2

3

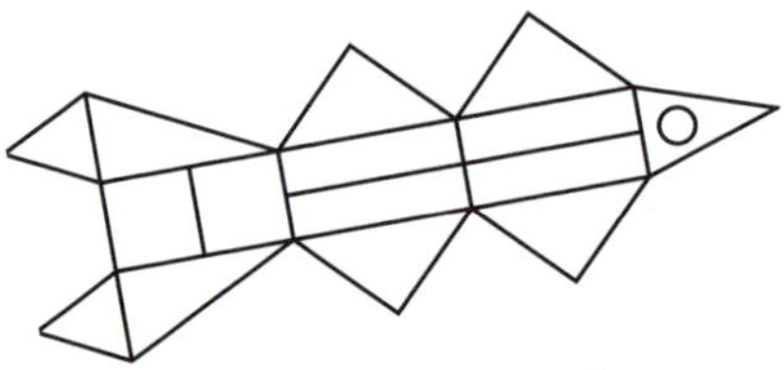

4

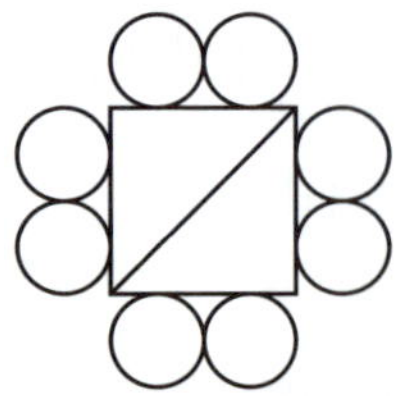

5 Zeichne ein Rechteck, 2 Dreiecke und 3 Quadrate.

1 bis 4: Färben nach Vorgabe; Figuren zählen
5: Figuren mit Hilfe des Rasters zeichnen

Geldwerte bis 20 Euro

1

___ €	___ €	___ €

2 Du kaufst: Du gibst: Du bekommst zurück:

Du kaufst:	Du gibst:	Du bekommst zurück:
12 € 		___ € – ___ € = ___ €
14 € 		___ € – ___ € = ___ €
18 € 		___ € – ___ € = ___ €

3

11 € + 5 € = ___ €

4 € + 13 € = ___ €

15 ct + 4 ct = ___ ct

5 ct + 10 ct = ___ ct

4

19 € – 9 € = ___ €

15 € – 3 € = ___ €

18 ct – 7 ct = ___ ct

20 ct – 6 ct = ___ ct

1: Summe errechnen 2: Differenzen bilden
3 und 4: Addieren und Subtrahieren

Addieren mit Zehnerübergang

1 6 + 8 = __

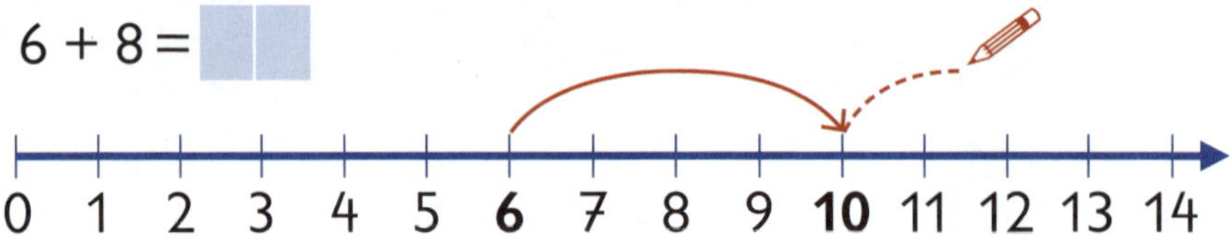

5 + 9 = __

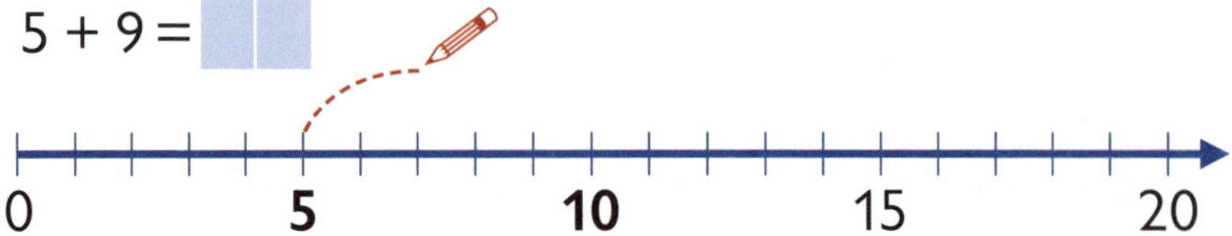

2

8 + 5	9 + 7	7 + 7
8 + 2 = 10	9 + __ = __	7 + __ = __
10 + 3 = __	__ + __ = __	__ + __ = __
8 + 5 = __	9 + 7 = __	7 + 7 = __

3

9 + 6
9 + 1 + 5 = 10 + 5
9 + 6 = __

8 + 7
8 + 2 + __ = __ + __
8 + 7 = __

4

6 + 7
6 + __ + __ = __ + __
6 + 7 = __

5 + 9
__ + __ + __ = __ + __
5 + 9 = __

5

6 + 8
6 + __ + __ = __ + __
6 + 8 = __

5 + 7
__ + __ + __ = __ + __
5 + 7 = __

1: Addieren in zwei Schritten darstellen; Aufgaben lösen
2 bis 5: Addieren mit Überschreiten des Zehners

Subtrahieren mit Zehnerübergang

1 14 − 6 = ☐

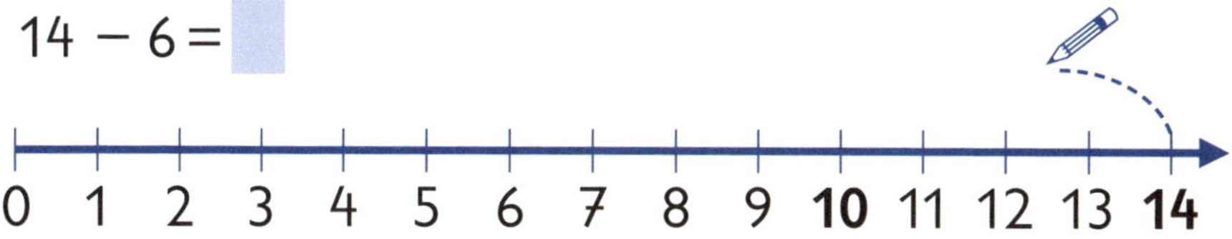

12 − 5 = ☐

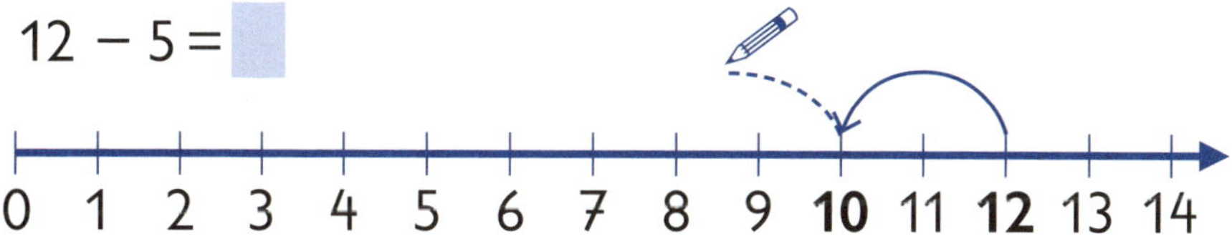

2

15 − 7
15 − 5 = 10
10 − 2 = ☐
15 − 7 = ☐

11 − 6
11 − ☐ = ☐☐
☐☐ − ☐ = ☐
11 − 6 = ☐

13 − 5
13 − ☐ = ☐☐
☐☐ − ☐ = ☐
13 − 5 = ☐

3

16 − 7
16 − 6 − 1 = 10 − 1
16 − 7 = ☐

15 − 8
15 − 5 − ☐ = ☐☐ − ☐
15 − 8 = ☐

4

13 − 9
13 − ☐ − ☐ = ☐☐ − ☐
13 − 9 = ☐

12 − 8
☐☐ − ☐ − ☐ = ☐☐ − ☐
12 − 8 = ☐

5

14 − 7
14 − ☐ − ☐ = ☐☐ − ☐
14 − 7 = ☐

14 − 8
☐☐ − ☐ − ☐ = ☐☐ − ☐
14 − 8 = ☐

1: Subtrahieren in zwei Schritten darstellen; Aufgaben lösen
2 bis 5: Subtrahieren mit Überschreiten des Zehners

Addieren und Subtrahieren mit Zehnerübergang

1 Rechne wie du möchtest.

9 + 8   6 + 9   15 − 7   13 − 5

2 Rechne vorteilhaft.

17 − 9 = 17 − 10 + 1

17 − 9 =

15 − 9 = − +

15 − 9 =

5 + 9 = 5 + 10 − 1

5 + 9 =

9 + 7 = + −

9 + 7 =

3

+	4	5	6	7	8
9					
7					

4

−	5	6	4	8	9
12					
13					

5 Rechne. Was fällt dir auf?

12 + 4 =   15 − 8 =

13 + 4 =   14 − 8 =

14 + 4 =   13 − 8 =

15 + 4 =   12 − 8 =

6

6	5	3

1: Addieren und Subtrahieren 2: Rechenvorteile nutzen 3 und 4: Summen/Differenzen ermitteln und eintragen 5: Summen und Differenzen berechnen; Ergebnisse deuten 6: Rechenmauer lösen

1 Bilde Aufgabenfamilien.

9 7 16

___ + ___ = ___ ___ − ___ = ___

___ + ___ = ___ ___ − ___ = ___

15 7 8

6 5 11

2

15 ct − 9 ct = ___ ct

13 ct − 6 ct = ___ ct

7 ct + 8 ct = ___ ct

9 ct + 6 ct = ___ ct

13 € − 8 € = ___ €

16 € − 8 € = ___ €

4 € + 9 € = ___ €

9 € + 9 € = ___ €

3

16 = 9 + ___

15 = 7 + ___

16 = 8 + ___

4

17 = ___ + 9

14 = ___ + 6

16 = ___ + 8

5

7 = 15 − ___

9 = 12 − ___

6 = 14 − ___

6

Rechenmauer 1: oben ___; Mitte ___ | ___; unten 5 | 7 | 1

Rechenmauer 2: oben ___; Mitte ___ | ___; unten 0 | 4 | 9

Rechenmauer 3: oben 18; Mitte 9 | ___; unten ___ | 7 | ___

Gleichungen und Ungleichungen

1
8 + 6 = ☐
9 + 4 = ☐

2
6 + ☐ = ☐
9 + ☐ = ☐

3
20 = ☐ + 17
18 = ☐ + 9

4
17 − 7 = ☐
20 − 9 = ☐
13 − 8 = ☐

5
15 − ☐ = 6
12 − ☐ = 5
20 − ☐ = 12

6
12 = 18 − ☐
7 = 14 − ☐
9 = 17 − ☐

7
7 + 8 + 2 = ☐
5 + 11 + 4 = ☐

8
18 − 6 − 2 = ☐
15 − 7 − 3 = ☐

9
14 − 7 | 15 − 5 | 11 + 2 | 4 + 10
19 − 5 | 9 − 2 | 19 − 6 | 6 + 4

Schreibe so:

14 − 7 = 9 − 2   11 + 2 =
15 − 5 =

10 < = >

14 + 2 ◯ 17
19 − 7 ◯ 10
13 − 6 ◯ 7

11 Wahr (w) oder falsch (f)?

17 < 8 + 8 ◯
14 > 9 + 7 ◯
18 = 11 + 7 ◯
12 + 7 > 19 ◯
17 − 5 = 12 ◯
7 + 7 > 13 ◯

12 Welche Zahlen kannst du einsetzen?

15 + ☐ < 18
17 − ☐ > 15

1 bis 8: Addieren und Subtrahieren 9: Gleichungen bilden
10: Relationszeichen setzen 11: Aussagen auf Wahrheitsgehalt prüfen 12: Passende Zahlen finden

Sachaufgaben

1

Frage:

Aufgabe: =

Antwort:

2

Frage:

Aufgabe: =

Antwort:

3

Frage:

Aufgabe: =

Antwort:

1 bis 3: Fragen und Aufgaben zu den Bildern finden; Aufgaben lösen und im Satz antworten

+ − · :

1

Frage: ______________________

Aufgabe: ☐☐ ○ ☐☐ = ☐☐

Antwort: ______________________

2

Frage: ______________________

____

Aufgabe: ☐☐ ○ ☐☐ = ☐☐

oder:

☐☐ ○ ☐☐ = ☐☐

Antwort: ______________________

____

3

Frage: ______________________

____

Aufgabe: ☐☐ ○ ☐☐ = ☐☐

oder:

☐☐ ○ ☐☐ = ☐☐

Antwort: ______________________

____

1 bis 3: Fragen und Aufgaben zu den Bildern finden; Aufgaben lösen und im Satz antworten

2 und 3: verschiedene Möglichkeiten erörtern

Geraden, Punkte, Strecken

1 Zeichne eine Gerade g durch die Punkte:
A und B,
C und D,
E und F.

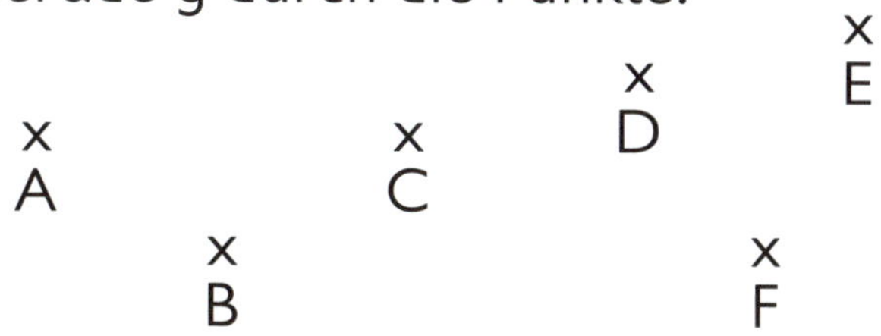

2 Welche Punkte liegen auf der Geraden g?

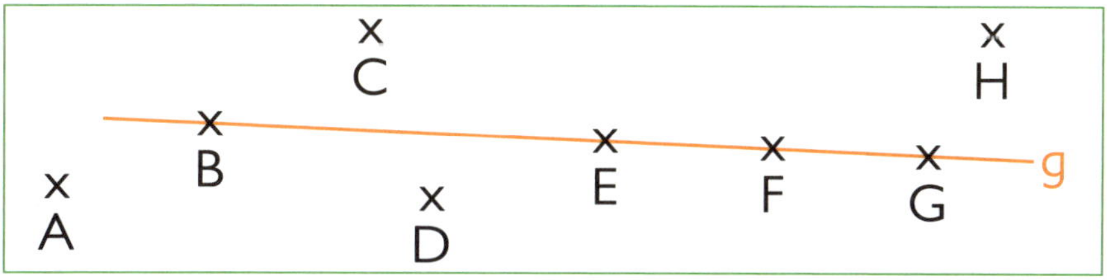

Die Punkte ______________________ liegen auf der Geraden g.

3 Zeichne einen Punkt, der auf der Gerade g
zwischen A und B liegt,
links von A liegt,
rechts von B liegt.

4 Wahr (w) oder falsch (f)?

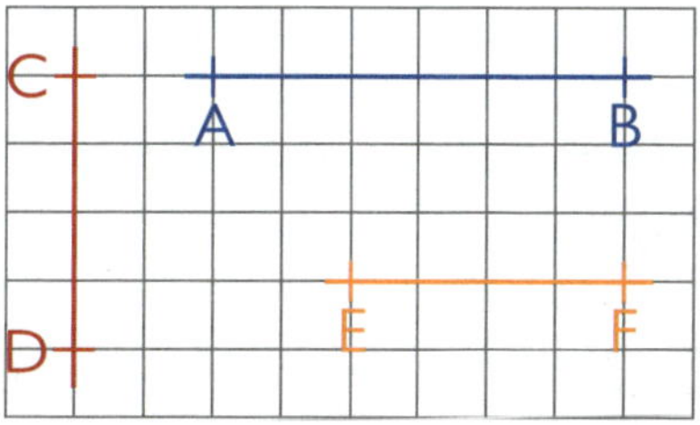

Die Strecke $\overline{CD}$ ist kürzer als die Strecke $\overline{AB}$. ◯

Die Strecke $\overline{EF}$ ist länger als die Strecke $\overline{AB}$. ◯

1: Geraden zeichnen, die durch die vorgegebenen Punkte verlaufen
2: Punkte benennen 3: Punkte eintragen 4: Aussagen auf Wahrheitsgehalt prüfen

Strecken messen – Strecken zeichnen

1 Wie lang sind die Strecken?

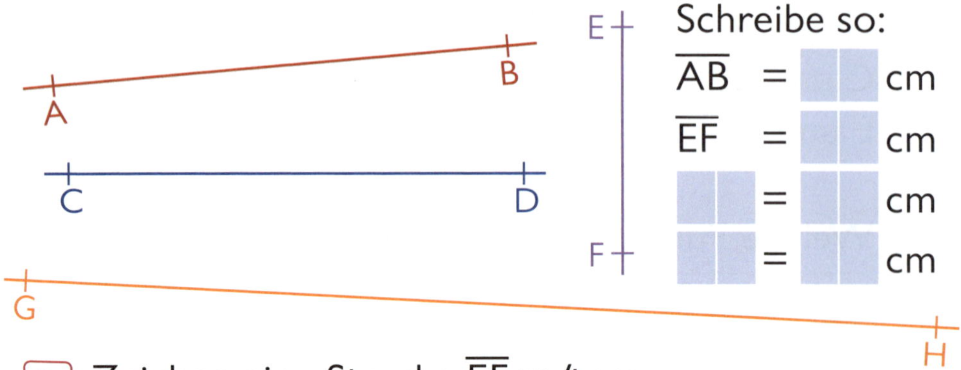

Schreibe so:

$\overline{AB}$ = ☐☐ cm

$\overline{EF}$ = ☐☐ cm

☐☐ = ☐☐ cm

☐☐ = ☐☐ cm

2 Zeichne eine Strecke $\overline{EF}$ = 4 cm.
Zeichne eine Strecke $\overline{AB}$, die doppelt so lang ist wie $\overline{EF}$.

3 Verbinde immer 2 Punkte zu einer Strecke.

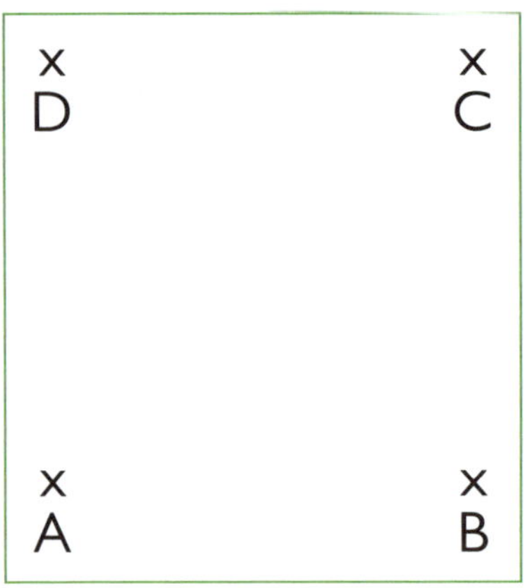

Wie viele Strecken entstehen? ☐ Strecken

Wie viele Dreiecke und Vierecke siehst du in der Figur? ☐ Dreiecke

☐ Vierecke

Wie lang sind die Seiten des Vierecks?

$\overline{AB}$ = ☐ cm $\overline{BC}$ = ☐ cm $\overline{CD}$ = ☐ cm $\overline{DA}$ = ☐ cm

1: Strecken messen; Längen aufschreiben
2: Strecken nach Vorgabe zeichnen und benennen   3: Punkte verbinden; Figuren erkennen und zählen; Seitenlängen des Vierecks messen; Längen aufschreiben

1

2 achtzig zwanzig einhundert neunzig fünfzig

10 40 90 50 30 70 100 80 20 60

dreißig siebzig zehn vierzig sechzig

3

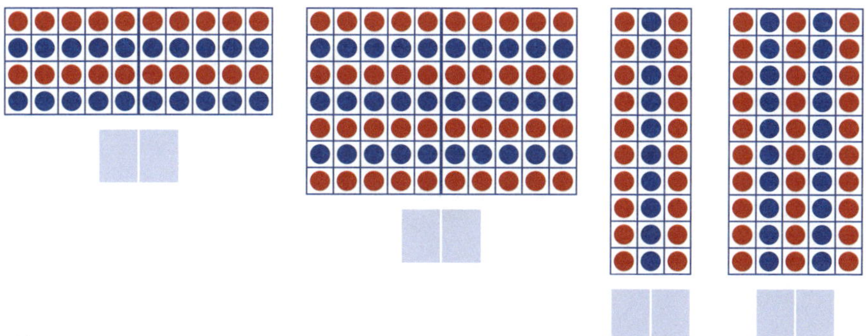

4 Ordne.

60 10 80 20 50 40 70

Beginne mit der größten Zahl.

60 100 40 20 50 90

Beginne mit der kleinsten Zahl.

5 < = >

40 ◯ 60 80 ◯ 70 90 ◯ 80 30 ◯ 40

20 ◯ 30 100 ◯ 90 10 ◯ 20 50 ◯ 80

Rechnen mit Zehnerzahlen

1

5 + 4 = 2 + 7 = 1 + 9 =

50 + 40 = 20 + 70 = 10 + 90 =

2

7 − 5 = 9 − 6 = 10 − 3 =

70 − 50 = 90 − 60 = 100 − 30 =

3

130
☐ ☐
☐ ☐ ☐
10 20 10 30

100
40 ☐
20 ☐ ☐
0 ☐ ☐ ☐

4

100 40 60

+ = − =
+ = − =

30 70 40

+ = − =
+ = − =

5 Wahr w oder falsch f ?

Zwischen 40 und 70 liegen die Zahlen 50 und 60.

Die Summe aus 20 und 60 ist kleiner als 80.

Die Differenz aus 90 und 60 ist 30.

1 und 2: Addieren und Subtrahieren
3: Rechenmauern lösen 4: Aufgabenfamilien finden und lösen 5: Wahrheitsgehalt prüfen

Alle Zahlen bis 100

1

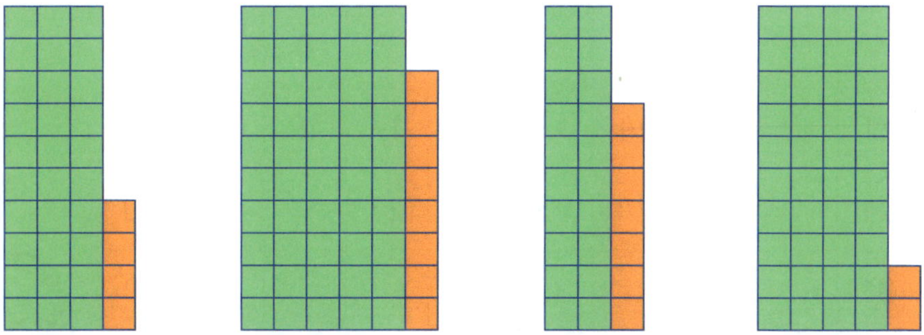

Z	E

Z	E

Z	E

Z	E

2 Zerlege die Zahlen in Zehner und Einer.

	Z	E
18		
29		
47		
51		
70		

	Z	E
66		
73		
80		
29		
92		

3 Trage die Zahlen in die Stellentafel ein: 29, 44, 60, 81.

Z	E

4 Vervollständige die Folgen.

33	35	37						49
84	80	76						52
						75	80	85
						24	27	30

Alle Zahlen bis 100 – die Hundertertafel

1	2	3	4	5	6	7	8	9	10
11	12	13	14	15	16	17	18	19	20
21			24	25		27			30
31		33		35					40
41				45			48		50
51				55				59	60
61				65	66				70
71		73		75					80
81				85					90
91	92	93	94	95	96	97	98	99	100

1 Trage alle fehlenden Zahlen in die Hundertertafel ein.

2 Färbe die Vorgänger der Zahlen 21, 30, 44, 59, 66, 71, 80, 100 rot.

3 Färbe die Nachfolger der Zahlen 18, 34, 40, 49, 55, 68, 89, 99 blau.

4 Schreibe alle Zahlen auf, die links von 45 stehen.

1: Zahlen in der Hundertertafel ergänzen
2 und 3: Vorgänger und Nachfolger färben 4: Gesuchte Zahlen aufschreiben

Geldwerte bis 100 Euro

1

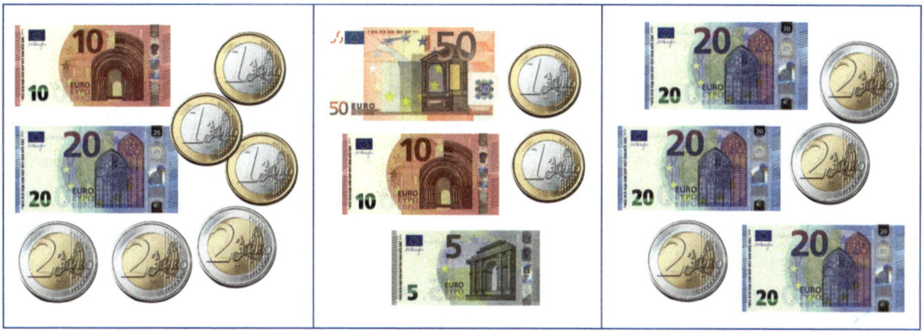

__ € __ € __ €

2

20 € + 60 € = __ € 90 € – 80 € = __ €

40 € + 40 € = __ € 100 € – 60 € = __ €

70 € + 30 € = __ € 60 € – 30 € = __ €

3 < = >

70 ct ◯ 40 ct 30 ct + 20 ct ◯ 50 ct

20 ct ◯ 50 ct 20 ct + 10 ct ◯ 40 ct

80 ct ◯ 60 ct 40 ct + 30 ct ◯ 60 ct

4

70 € + 20 € 100 ct – 30 ct

80 ct – 40 ct 90 € – 10 €

50 € 90 € 60 ct 100 € 70 ct 40 ct 80 €

50 ct + 20 ct 10 € + 40 € 20 € + 80 €

Uhr – Uhrzeit

1 Lies die Uhrzeit ab.

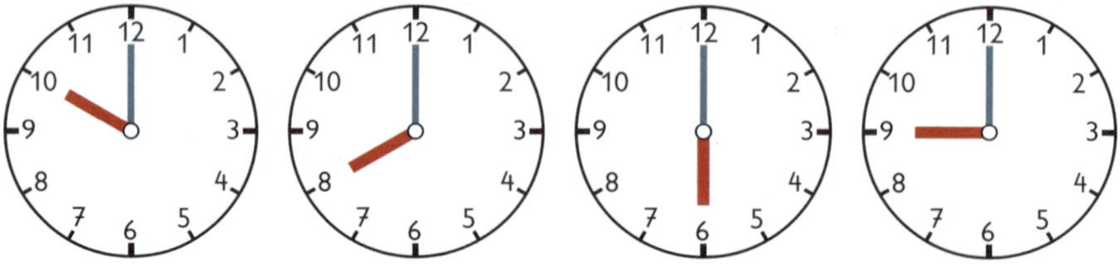

___ Uhr	___ Uhr	___ Uhr	___ Uhr
___ Uhr	___ Uhr	___ Uhr	___ Uhr

2 Zeichne die Zeiger ein.

10 Uhr	16 Uhr	2 Uhr	7 Uhr

3 Schreibe zu jedem Bild die Uhrzeit auf.

___ Uhr	___ Uhr	___ Uhr

1: Uhrzeiten ablesen – beide Möglichkeiten aufschreiben
2: Zeiger einzeichnen 3: Uhrzeit für die jeweilige Tätigkeit angeben